國際標準驗證

施議訓、陳明禮、施曉琳　編著

全華圖書股份有限公司

序

在全球十倍速的經濟競爭時代，企業若想在市場建立競爭優勢，至少需要具備三大成功要件：領導才能、經營模式及組織架構，任何公司對品質的創造與維持，都需要靠一套有系統的方法從事品質管理，確保顧客的需求，以顧客滿意為目的。

所謂以有系統的方法從事品質管理，最直接的方法，就是依照國際標準驗證相關的要求，建立企業的品質管理系統之不斷持續改善，徹底落實顧客滿意服務，達到企業永續經營之目標。

ISO 為國際標準組織(International Organization for Standardization)縮寫，創立於 1947 年其總部設於瑞士日內瓦一個非官方性質的國際性組織，由 180 多個會員國組成，該 180 多個會員國包含了國際上各主要國家，如美、德、日、英、法等。組織設立之目的在於推動國際性之標準，目前約有 18000 多種，作為其會員國各項制度推動之依據。

為何要執行國際標準驗證其目的，一般公司為賺錢、形象及內控，而 ISO 9001 標準的內涵強調顧客為重、過程導向及績效管理精神，以做、寫、說為原則。公司採用過程導向即品管 PDCA 循環，依計畫-執行-檢查-行動的管理流程，來實現顧客期望的產品或服務，以達到顧客滿意的目的，並且重視績效管理以提昇組織之應變力及競爭力，以達到企業永續經營之目的。

筆者將 20 多年來擔任稽核員之工件，稽核公司很多，除國內、甚至到大陸、東南亞各國，希望將一些經驗及相關表單分享讀者，文中或有疏漏之處，尚請先進指教。

作者謹識

編輯部序

　　「系統編輯」是我們的編輯方針，我們所提供給您的，絕不是一本書，而是關於這門學問的所有知識，它們由淺入深，循序漸進。

　　在市場建立競爭優勢，至少需要具備三大成功要件：領導才能、經營模式及組織架構。ISO 9001 標準的內涵強調顧客為重、過程導向及績效管理精神，以說、寫、做為原則。採用過程導向即品管 PDCA 循環，依計畫-執行-檢查-行動的管理流程，來實現顧客期望的產品或服務，以達到顧客滿意的目的、企業永續經營之目標。

　　本書提供讀者在執行作業時有標準化模式可依循，並建立國際標準驗證之基本知識與稽核驗證之技巧，進一步地與實際運作加以結合。

　　同時，為了使您能有系統且循序漸進研習相關方面的叢書，我們列出各相關圖書提供能對這門學問有完整的知識。若您在這方面有任何問題，歡迎來函詢問，我們將竭誠為您服務。

Chapter

8　營運

9　績效評估

10　改善

附錄

條文與試題解析

Chapter **1**

品質管理系統概論

1-1　國際標準之介紹

　　ISO 9001 是國際標準組織針對公司品質管理系統(Quality Management System)所制訂的國際標準，自從 1987 年正式發行第一版 ISO 9000 品質管理系列標準後，全球企業已能接受將品質管理系統運用到公司全面管理相關作業流程，使公司的各項工作流程更加易於管理與改善；公司並能因此建立管理改善的能力，強化企業體質。將研究發展與專業化生產技術導入於品質管理系統上，來確保原材料、生產製程及成品的品質受到管制以持續改善，並達成品質持久性及信賴度，以符合顧客的要求。

1.1.1　國際標準之由來

　　國際標準起源於 1906 年國際電子科技委員會 (International Electrotechnical Commission，IEC)，專門負責電子技術標準之擬訂。其他領域之標準，則由 1926 年設立之「國際聯邦國家標準化協會」(International Federation of the National Standardizing Associations，ISA)負責，ISA 最初負責重點在於機械工程之領域，但因第二次世界大戰爆發於 1942 年停止活動。1946 年 25 國代表在倫敦開會決議設立新國際組織，目的是推動一致性的國際通用標準，打破國際交流之障礙以加速國際標準之調和化與單一化，增進國際間科學、智慧、技術與經濟活動之合作與效益。隔年，1947 年，於瑞士日內瓦成立非官方的「國際標準組織」(International Organization for Standardization)，透過國際標準組織運作而達成的國際協定則公布為國際標準。

　　國際標準組織(International Organization for Standardization)若依照字面上而言，其縮寫應為「IOS」才對，但為何要縮寫為「ISO」？第一個原因是考量發音上的問題，因為如果將兩個母音「I」與「O」放在一起，在英語發音上會產生困擾。第二個原因是該組織引用希臘語「ISOS」，代表「平等」的意思，也是英語的「Isonomy」(法律之下人人平等)，強調在 ISO 組織內的會員國或區域代表，不論其大小，僅能只有一位代表，每位代表的權利與義務是相等的。

ISO 9001 自 1987 年發行，1994 第一次執行並接受驗證之後，在這 30 多年間風行全球，成為全世界品質管理方面基本的共同語言，目前大家所使用的 ISO 9001，要求組織以流程管理模式建立品質管理系統，在全球 180 個國家中，已有超過約 500 萬家企業或組織，取得 ISO 9001 驗證證書。

國際標準之制訂是由國際標準組織(ISO)下設之技術委員會(Technical Committee，TC)與次委員會(Subcommittee，SC)負責制訂，需經過工作小組草案版(Work Draft，WD)、技術委員會草案版(Committee Draft，CD)、國際標準版草案(Draft of International Standards，DIS)、最終國際標準版(Final Draft of Internal Standards，FDIS)與正式發行的國際標準版(International Standards，IS)等制訂過程，IS 版的產生必需經過國際標準組織(ISO)會員國或區域代表投票，且經過大多數代表同意，才得以正式發行。圖 1-1 為 ISO 標準改版經過流程。

工作小組草案版(Work Draft，WD)

↓

技術委員會草案版(Committee Draft，CD)

國際標準版草案(Draft of International Standards，DIS)

↓

最終國際標準版(Final Draft of Internal Standards，FDIS)

↓

正式發行的國際標準版(International Standards，IS)

▲ 圖 1-1　ISO 標準制訂流程

但由於 ISO 在 2012 年規定了所有管理系統標準都需要遵守之高階結構、文字以及名詞與定義，目前 ISO9001 已於 2014 年 10 月 10 日完成國際標準草案 DIS(Draft International Standard)之投票表決，此次獲得與會代表 90%以上之支持，並在 2015.09.23 完成新版標準之發行，因此本文為大家分析 ISO9001：2015-IS(International Standard)標準版的主要改變，期能協助組織或企業，迎接 2015 年新版的 ISO9001：2015 到來。

1.1.2 國際標準應用範圍(產品別)

國際標準組織(ISO)依據不同領域如：機械、電工、食品、營建、運輸、資訊、醫療……等產業(相關範圍請見表 1-1)，制訂各類產品不同標準，目前大約已制訂了 18,000 多種的標準，ISO9001 稽核之產品別分為 39 類(Nr.1～Nr.39)，如表 1-1 所示。

▼ 表 1-1　ISO 產品範圍

1.農業、漁業	2.採礦業及採石業
3.食品、飲料和煙草	4.紡織品及紡織產品
5.皮革及皮革製品	6.木材及木製品
7.紙漿、紙及造紙業	8.出版業
9.印刷業	10.焦炭及精煉石油製品
11.核燃料	12.化學品、化學製品及纖維
13.醫藥品	14.橡膠和塑膠製品
15.非金屬礦物製品	16.混凝土、水泥、石灰、石膏
17.基礎金屬及金屬製品	18.機械及設備
19.電子、電氣及光電設備	20.造船
21.航空、航太	22.其他運輸設備
23.其他未分類的製造業	24.廢舊物資的回收
25.發電及供電	26.氣的生產與供給
27.水的生產與供給	28.建設
29.批發及零售	30.賓館及餐廳
31.運輸、倉儲及通訊	32.金融、房地產、出租業務
33.資訊技術	34.科技服務
35.其他服務	36.公共行政管理
37.教育	38.衛生保健與社會公益事業
39.其他社會服務	

1.1.3 ISO 9000 系列之起源

近代品質管理系統的抽樣管制與統計管制概念，最早起源於 1920 年，抽樣計畫 (acceptablequalitylevel，簡稱 AQL)由美國貝爾發表的批次允收不良率百分比而來，而統計管制概念則源於修瓦特博士(Dr. Shewavt)所發明的修瓦特管制圖，第二次世界大戰期間，北約(NATO)制訂出一系列的聯軍品質保證刊物(Allied Quality Assurance Publication；AQAP)針對軍事供應商制訂國防採購用品的檢驗規範，使得供應商必須負責監控所有會影響品質的活動，包括管理階層的管制系統以及品質系統的有效性概念。美軍品保標準 (MIL-Q-9858：1950)就是在這樣的概念下孕育而生。後來北大西洋公約組織也依此制訂品保標準(A.Q.A.P：1950)，而英國國防部也將之制訂為國防標準(DEF STD；1972)，後來衍生為英國國家標準(BS-5750；1979)，這些標準雖然在英國如火如荼的進行，其他國家也並非原地踏步。到了 1980 年代，情況已經到達必須要統一管理的階段，由國際標準組織 (ISO)負責協調全世界標準化的工作，並於 1987 年頒佈了 ISO 9000 系列第一版，隨後又於 1994 年、2000 年、2008 年及 2015 年進行修訂，隨後各國也依據 ISO 9001 系列制訂國家標準(見圖 1-2)。

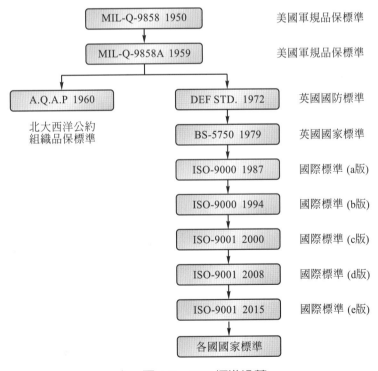

▲ 圖 1-2 ISO 標準沿革

1-2 ISO 9000 品質管理系統概念

1.2.1 ISO 9000 系列品質管理標準之改版

ISO 9000 系列之品質管理標準最早於 1987 年 3 月由 ISO/TC 176 技術委員會品質保證組制訂公佈。並規範 ISO 9000:1987(a 版)該標準已廣為世界各國所依循,並轉譯而制訂為各國的國家標準(如美國 ANSI/ASQC Q90 系列、日本 JIS Z 9900 系列等)。而各國企業貿易亦依此品質保證制度做為雙方契約中品質保證規範。我國標準檢驗局已於 1990 年 3 月將 ISO 9000 系列標準轉譯為國家標準 CNS 12680~12684。

ISO 9000 系列品質保證與品質管理標準,是製造廠商與服務業品質保證系統的最低要求水準,其並不是產品標準,不界定產品管制方法,亦不規定管制成本與溝通等方法。

1. ISO9000:1987 年版(a 版)

ISO 9000 系列品質保證與品質管理標準,在 1987 年版中主要在於,ISO 9000 之定義及相關名詞之詮釋,並作 ISO 9000 論述,以取得大家對 ISO 9000 之認同,該版本並未有相關之要求。

2. ISO9000:1994 年版(b 版)

ISO 9000 系列品質保證與品質管理標準,在 1994 年版中主要由 ISO 9000、ISO 9001、9002、9003、9004 等標準所組成,有中最重要的幾個標準相關內容簡述如下:

ISO 9001 在 1994 年版的標準,共有 20 項基本要項條文,其內容為(4.1) 管理責任;(4.2) 品質制度;(4.3) 合約審查;(4.4) 設計管制;(4.5) 文件與資料管制;(4.6) 採購;(4.7) 顧客供應品之管制;(4.8) 產品之識別與追溯性;(4.9) 製程管制;(4.10) 檢驗與測試;(4.11) 檢驗、量測與測試設備之管制;(4.12) 檢驗與測試狀況;(4.13) 不合格之管制;(4.14) 矯正與預防措施;(4.15) 搬運、儲存、包裝、保存與交貨;(4.16) 品質紀錄之管制;(4.17) 內部品質稽核;(4.18) 訓練;(4.19) 服務;(4.20) 統計技術。

(1) ISO 9000「品質管理與品質保證標準－選擇與指導綱要」,主要內容為告知廠商如何選用合適的品質管理模式與制度,其考慮因素可為設計過程之複雜性、設計成熟度、生產過程之複雜性、產品或服務之特性、產品或服務之安全性與經濟性等。

(2) ISO 9001「品質制度－設計、開發、生產、安裝與服務之品質保證模式」，製造廠商依詢此品質保證與品質管理制度從事設計、開發、生產、安裝與服務的作業，其基本要項共 20 項條文，將可確保製造品質與服務品質的一致性，以建立消費者與買方的信心。

(3) ISO 9002「品質制度－生產、安裝與服務之品質保證模式」，適用於設計規格已確定的產品，製造廠商只從事生產、安裝與服務的活動，其基本要項共 19 項條文。不包含「設計管制」條文。

(4) ISO 9003「品質制度－最終檢驗與測試之品質保證模式」，適用於供應商在最終檢驗與測試階段能保證符合規定之要求，其基本要項共 16 項條文，並無「設計管制」、「採購」、「製程管制」、「服務」等四條條文，其中管理責任、品質制度、產品之識別與追溯性、不合格之管制、矯正與預防措施、品質記錄之管制、內部品質稽核、訓練、統計技術等部份條文之要求比 ISO 9001 及 ISO 9002 略為寬鬆。

(5) ISO 9004「品質管理與品質系統要項－指導綱要」係提供組織內部施行品質保證之模式，可做為內部管理之參考。

3. ISO9001:2000(c 版)及 ISO9001:2008(d 版)年版

ISO9001:2000(c 版)及 ISO9001:2008(d 版)將舊有 ISO9000:1994 的缺點不是部份進行修正包括系統連貫性加強及以整體流程規劃為導向考量，將 20 個章節濃縮成 5 大主要的章節，包含(第四章) 品質管理系統；(第五章)管理階層責任；(第六章)資源管理；(第七章)產品實現；(第八章)量測、分析和改善。

1.2.2　ISO 9000：2015(e 版)之改版

國際標準組織(ISO)被要求定期對他們的標準進行審核與升級，確保國際標準符合國際變化與期望要求，該系統包括 7 大重要章節，包括(第四章)組織環境；(第五章)領導；(第六章)規劃；(第七章)支援；(第八章)營運；(第九章)績效評估；(第十章)改善。目前，新版 ISO 9000 系列已於 2015 年正式公佈實施，ISO 9001：2015 品質管理系統主要由 4 個基本標準組成。

1. ISO 9000：品質管理系統－基本要點與詞彙。

2. ISO 9001：品質管理系統－要求。

3. ISO 9004：品質管理系統－績效改善指引。

4. ISO 19011：品質與環境管理系統稽核指引。

新版的 ISO 9001：2015，其內容結構有下列之重點：

(1) 標準的結構與內容更能適用於所有產品類別、不同規模以及各類型的企業。

(2) 強調品質管理系統的有效性以及適切性，注重顧客需求、產品品質與流程，故不單只是著重於文件程序與紀錄。

(3) 提倡企業在確保標準有效性的前提下，可以依據企業的特殊性以及經營管理特點做出不同的選擇，給予更多的靈活度。

(4) 在標準中充分展現品質管理系統的七大管理原則(於第二章詳述)，以便於理解標準的要求。

(5) 採用"過程方法"，同時展現組織管理的一般原則，有助於企業結合自身的生產和經營活動來建立公司的品質管理系統。

(6) 強調高階管理者的責任，包括對於建立品質管理系統以及持續改善的承諾，確認顧客的需求以及期望能夠得到滿足，確保所需要的資源以及所訂定的品質政策以及品質目標能夠得到落實。

(7) 監視顧客滿意或不滿意的訊息，並作為評鑑品質管理系統績效的的重要指標。

(8) 將"持續改善"視為提升品質管理系統有效性的重要手段。

(9) 標準的概念明確，用語通俗，易於理解。

(10) 對文件化的要求更加靈活，強調文件能為過程加分，紀錄只是一種證據的形式。

(11) 強調 ISO 9001 和 ISO 9004 標準的協調一致性，有助於組織績效的提升。

(12) 提高與環境管理系統標準或其他品質管理系統標準的相容性。

1-3　ISO 9001：2015 年版之特色

　　評估自 2000 年及 2008 版以來，品質管理系統在做法與技術上，發生很大改變，未來 10 年或更長時間內，穩定的核心需求，保持對任何部門中各種規模和型式之組織有關之通用性，經由保持目前有效的過程管理，獲得產生預期的結果，反應出日益複雜、愈見嚴峻和動態之組織經營環境上的變化，應用 ISO 管理體系標準，以提高相容性(如 9001、14001 及 45001 三合一)促進組織有效的實施和推動與有效的執行，第一、二、三方之稽核的符合性及有效性，並評估用簡化的語言和文件書寫風格，以加強對標準要求的瞭解和一致性的詮釋，訂定 2015 年版。

一、2015 年版之特色為：

- 提供一個可提供組織在未來 10 年或更長遠未來，所使用之穩定的核心要求。
- 保持組織對任何部門中，各種規模與型式之有關之通用性。
- 保持現行組織對經由有效的流程管理，獲得預期結果之重視與強調。
- 評估自 ISO9001：2000、ISO9001：2008 年主要改版以來，品質管理系統在作法與技術上發生之改變。
- 可以反映出愈來愈複雜、要求愈來愈多之組織，在營運環境上的變化。
- 促進組織有效的實施推動，並有效的執行第一、二及三方稽核之符合性驗證。
- 可使用簡單的語言及撰寫方式，以加強組織對標準要求之了解與一致的解釋。

二、2015 年版之主要內容為：

(1) 執行 QMS 的組織必須要鑑別，會影響品質的工作人員所需要的能力及確保其有能力去執行。而能力指的是"提供知識與技能以達成預期的結果"。

(2) ISO9001：2008 所採用的名詞"文件"與"紀錄"將被新的片語，"文件化資訊"所取代。

(3) 組織將被要求採取以風險為基礎的方法，來決定對外部提供者管制程度與型式(例如供應商或外包商)及所有外部提供的商品或服務。

(4) 組織嘗試執行 QMS 時，將必須決定和 QMS 有關的利益團體是誰，以及鑑別這些利益團體的要求是什麼。利益團體(或稱之為利害關係人)將被定義成會影響，受到影響，或察覺到因組織執行 QMS 的活動或決定時，本身會受到影響的任何人或組織。

(5) 當組織規劃 QMS 時，應鑑別及解決其風險與機會，以確保 QMS 能夠達成其預期產出。為了達成此目的，組織必須有計畫採取行動，解決這些風險和機會、整合和落實到 QMS 的流程及評估這些行動的成效。

(6) 預防措施不再是特定要求，其主要原因是 QMS 的主要目的之一，無論如何其本身就是一種預防工具，組織必須有風險評估(條文 6.1 說明)。

(7) 組織不一定要設立管理代表，可由最高管理者擔任 QMS 負責人。

(8) 手冊不再是特定要求，如所有二、三階文件，涵蓋 ISO 條文，手冊可省略。

▼ 表 1-2 為 ISO Annex SL 管理系統標準高階結構第 4 條到第 10 條之要求重點

條文	要求重點
4 組織環境	內外部課題、了解利害相關者之需求與期望
5 領導	承諾、政策、組織業務權責
6 規劃	風險、目標與達成目標之計畫
7 支援	資源、能力、認知、溝通、文件資訊
8 營運	營運規劃與控制
9 績效評估	監督評量與評估、客戶滿意度、內部稽核、管理審查
10 改進	不符合項目與矯正措施、持續改進

1-4 驗證活動簡介

　　ISO 組織是一個標準制訂與發佈的組織，並不涉及 ISO 驗證與發證活動。ISO 9001 合格證書與登錄作業是由各國成立的認證團體所執行，如英國的 UKAS 與美國的 RAB 等 (各國認證團體如表 1-4 所示)；而驗證活動大多由民間的驗證機構所擔任，例如 BSI、TÜV、SGS、BVQI、DNV、AFAQ 等。這些驗證機構必須通過認證團體登錄通過，才具有執行驗證活動的資格(圖 1-3)。例如當 A 公司希望取得英國 UKAS 發出的 ISO 9001 品質管理系統證書時，必須先找尋通過 UKAS 登錄，已經取得資格的驗證公司例如 BVQI、TÜV、AFAQ、SGS 等機構，進行公司品質管理系統的稽核驗證，驗證通過後，才能取得驗證機構所發出的 ISO 9001 核可證書。驗證核可的企業會便登錄於英國 UKAS-ISO 名單中。驗證機構會於每半年至一年執行公司後續的驗證活動，以確保公司能持續維持 ISO 9001 品質管理系統的適切性和有效性，另外由 AB 公司認可，如 TAF 認可 18 家在台灣並可作正字標記。

　　驗證機構會於每半年至一年執行公司後續的驗證活動，其稽核分為，

(1) 初正評(第一次)，併發證書；

(2) 續評(S1)(第二年)，抽檢方式，並登錄；

(3) 續評(S2) (第二年)，抽檢方式，並登錄；

(4) 複評(R) (第三年)，全檢方式，並換證；，以確保公司能持續維持 ISO 9001 品質管理系統的適切性和有效性。

項次	國家	認證團體
1	美國	American National Accreditation Program for Registrars of Quality Systems (ANSI-RAB NAP)、American National Standards Institute (ANSI)、Registrar Accreditation Board (RAB)
2	加拿大	Standards Council of Canada (SCC)
3	英國	United Kingdom Accreditation Service (UKAS)
4	法國	Comité français d'accréditation (COFRAC/AFNOR)
5	德國	Trägergemeinschaft für Akkreditierung GmbH (TGA)
6	義大利	Servizio di Taratura in Italia (SIT)
7	瑞士	Swiss Accreditation Service (SAS)
8	中國大陸	China National Accreditation Servics for Conforming Assessment(CNAS)
9	香港	Hong Kong Accreditation Service (HKAS)
10	新加坡	Singapore Accreditation Council (SAC)
11	日本	The Japan Accreditation Board for Conformity Assessment (JAB)
12	韓國	Korea Accreditation Board (KAB)
13	俄羅斯	Federal Agency on Technical Regulating and Metrology (GOST R)
14	澳洲	Joint Accreditation System of Australia and New Zealand (JAS-ANZ)
15	南非	South African National Accreditation System (SANAS)
16	中華民國	Taiwan Accreditation Forum(TAF)

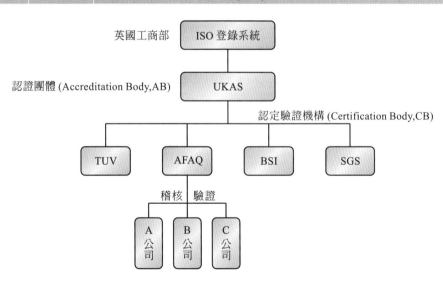

▲ 圖 1-3　ISO 登錄與驗證系統

1-5　稽核員登錄簡介

　　合格稽核員國際註冊(The International Register of Certificated Auditors，IRCA)是全世界最原始最大的品質管理稽核員授證機構，它的總部位於英國倫敦，是品質保證協會(Institute of Quality Assurance，IQA)的分支機構，亦是自給自足且獨立運作的機構。目前在全球已經有超過 180 國家以及 50,000 個稽核員進行註冊。目前 IRCA 的稽核員登錄主要是針對品質、環境管理、職業安全衛生、軟體開發、資訊安全以及食品安全等管理系統的稽核員進行登錄。稽核員進行國際登錄的目的是希望讓認證機構所派的稽核員，其能力與資格能夠達到一定水準。IRCA 主要有兩大功能，第一是稽核員的授證，第二是執行訓練(如圖 1-4)。稽核員的登錄要求可分為五大要件，

1. 學歷資格。
2. 工作經驗年資。
3. 品質經驗年資。
4. 稽核員訓練課程。(A 或 LA 訓練考試及格)
5. 實際稽核經驗。

　　前三項資格，大多與個人經歷有關，在稽核員訓練課程方面，需經過 IRCA 核准的訓練單位進行教育訓練，通過考試後，才能發給檢定合格證書；在實際稽核經驗方面，則需要個人累積相關的工作經驗與稽核場次，這些都會列入評分當中。在稽核員申請登錄的等級有：內部稽核員(Internal auditor，IA)、見習稽核員(Provisional auditor，PA)、稽核員(Auditor，A)、主導稽核員(Lead auditor，LA)與最高稽核員(Principal auditor，P′A)等，所有等級的稽核員必須依照 IRCA 針對人員是否滿足前五項的要求，並針對其訓練與稽核經驗給予不同的等級，例如申請登錄者僅滿足前四項的要求，則具有見習稽核員等級的資格，請者必須要有更一步的稽核經驗，才能申請登錄稽核員或主導稽核員。經過認定核准的稽核員都會收到一張如同信用卡般的身份證明卡。所有認定登錄的稽核員每一年必須再完成登錄的手續，這個辦法的用意，是確保那些稽核員能夠持續從事適切的稽核工作，保持有效的登錄資格。

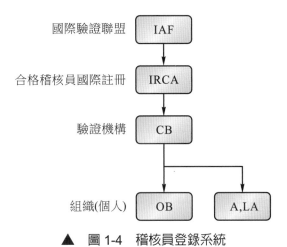

▲ 圖 1-4　稽核員登錄系統

習 題

1. 國際標準的制訂流程。

2. ISO 9000 系列之由來。

3. ISO 9000 系列 2015 年版主要由哪四個標準構成。

4. 國內企業如果認證 ISO 9001 需要如何執行?

5. ISO 9001 之 2015 年版之主要重點為何?

6. 稽核員的登錄要求有哪些?

7. 驗證機構會於每半年至一年執行公司的驗證活動,其稽核分為那些?

Chapter **2**

品質管理系統基礎

品質管理系統是在品質方面指揮、控制與監督組織的管理系統，品質管理系統把影響產品品質的技術、管理、人員與資源等因素整合在一起，爲了達到品質目標而相互配合努力改善。品質管理系統並包含軟、硬體部分，在進行品質管理時，要符合政策品質的要求準備之必要的條件，包括：人力資源、原材料、設備等，透過分析與制訂各項品質活動，使這些活動能夠經濟有效的運作；ISO 9001：2015 年版在這樣的概念下，導入更新更符合顧客需求的管理概念，並採用現代化的管理方式，針對顧客所有相關的需求，企業在七大品質管理原則與全面品質管理概念的指導下，依據 ISO 9001 標準要求實施達到持續改善的目的。

2-1　七大品質管理原則

品質管理的七項原則(Quality Management Principles，QMP)是世界各國品質管理成功經驗的匯總。ISO 9001：2015 年版首次在標準中予以明確規定，使之成爲新版標準編定的基礎，這七大原則已經成爲改進企業績效的架構，目的就是要幫助企業達到持續改善與幫助企業成功。這七大原則的內容分別爲：

2.1.1　顧客焦點(Customer focus)

顧客是企業存在的基礎，因此需要以顧客爲導向的管理概念，公司必須瞭解現在及未來顧客的需求，以符合顧客要求並超越顧客期望。一般而言，顧客可分爲外部顧客與內部顧客，外部顧客是指公司外部的消費者、購買者、最終使用者、零售商等；內部顧客是指公司內部執行生產、和服務活動中接受前一個過程輸出的部門、職位或個人。除了需瞭解內外部現存的顧客需求外，還需發覺潛在顧客的需求。

在實施本原則時，一般可採取下列措施：
1. 分析與了解顧客的需要與期望，例如對於產品、交貨、價格、可靠性等方面之要求，並確保公司對顧客的目標及溝通是明確的。
2. 確保顧客需求在公司內的各層級例如總經理以及員工都能瞭解，包括需求的內容、細節或任何改變，並應採取措施來滿足顧客需求。
3. 需調查顧客滿意度，並對滿意度的調查結果採取改進的措施。
4. 有效率的管理與經營顧客關係，力求顧客滿意。

5. 確保在滿足顧客需求的前提下，能確保兼顧其他相關的利益，當遇到利益衝突時，能有一個平衡機制，使公司得到全面化、持續化的發展。

條例說明(5.1.2/8.2/9.1.2)

在 ISO 9001：2015 條文 5.1 的"領導與承諾"中指出：在組織內傳達符合顧客、法令與法規要求之重要性，5.1.2 的"客戶導向"，8.2"產品與服務需求"(8.2.1 客戶溝通)，以及 9.1.2 的"顧客滿意度"等都是引用顧客焦點的概念。

2.1.2 領導統御(Leadership)

領導者需建立公司共同一致的目標及方向，必須創造、維持內部環境，使人員能夠完全投入，以達成公司目標。任何品質管理革新活動，若沒有最高管理階層的全力支持與參與，易做出與品質管理要求互相違背的決策，使得公司品質管理系統活動不易推展，甚至背道而馳。

在實施本原則時，一般可採取下列措施：

1. 需要全面考慮相關需求，包括顧客、員工、供應商、股東、當地社區甚至整個社會之需求。
2. 做好公司整體發展規劃，包括短、中、長期的目標以及策略，為公司描繪一個較清晰的願景。
3. 在公司各層級或有關部門訂定明確化的目標與及實施策略，並身體力行。
4. 以永續經營的理念，在公司內各階層，創造和分享企業價值，以公平、公開及誠懇心態對內溝通。
5. 建立全體員工的信賴並減少不必要的擔憂與恐懼。
6. 提供人員所需的資源、訓練及職權範圍允許的權責。
7. 激勵、鼓舞對公司有貢獻的人員。

條例說明(5.1/5.2/5.3/6.1/6.2/9.3)

在第五章的"領導統御"中明確的將高階管理者所需要賦予的責任，清楚的定義在條文中，包括管理者對公司的承諾(5.1)、訂定公司政策(5.2)、組織的角色、職責與權限(5.3)、風險和機會的應對措施(6.1)、品質目標和實現規劃(6.2)及管理審查(9.3)等。

2.1.3　全員參與(Engagement of People)

　　人員是公司的基本要素，企業的發展需要所有人員參與並貢獻能力；企業在沒員工的參與，公司的營運上就會有問題。因此，人才是企業最重要的資產，企業應該好好的培育與訓練員工，並讓員工參與公司的相關活動。公司如果希望有系統有效率的推動各項品質管理活動，全體員工的積極參與及支持是必須的。

　　為了達到員工全面參與，可以執行下列方式：

1. 對員工執行教育訓練，使人員了解他們在公司所扮演的角色，及其重要性。
2. 教育員工要能夠清楚瞭解影響他們工作的客觀條件，使他們在一定的條件下發揮最好的績效。
3. 在工作中，讓員工有一定的自主權，以及承擔解決問題的責任。
4. 應把公司總體目標向下延伸到部門目標甚至個人目標，讓員工能夠清楚個人的目標，激勵員工為了實現目標而努力，並評估其績效。
5. 員工主動參與學習，以增進其能力、知識與經驗。
6. 員工能彼此分享知識與經驗。
7. 員工能公開的討論問題並提案改善。

條例說明(7.1.2/7.2/7.3/7.4/7.5)

　　在 7.1 "資源" 中要確保員工能意識到所從事活動的重要性與相關性，以及如何為了實現目標而努力。在 7.1.2 "人力資源" 中，闡明公司應該如何鼓勵員工參與各項活動以及適當培訓，並且在組織知識(7.1.6)，組織應決定其過程運作和實現產品與服務符合性所需知識。這方面的知識應被保存，且可適用於需要的範圍。在處理變更需求和趨勢時，組織應考量到其目前知識基礎，及決定如何獲得或使用所需的額外知識及能力(7.2)、認知(7.3)、溝通(7.4)，再加上文件資訊(7.5)等。

2.1.4　過程導向(Process approach)

　　何謂過程(Process)？簡單的說就是將輸入(Input)轉換成為輸出(Output)的活動，需要系統化的識別和管理組織相關的作業流程，特別是這些過程間的相互作用與關聯。過程為導向的方法是要鼓勵公司應該對其所有的過程有個清楚的輪廓，通常過程包含將一個或多個的輸出轉化爲輸出的活動，而且一個過程的輸出會直接成爲下一個過程的輸入，有時很多個過程之間會形成一個比較複雜的網路，這些過程的輸入和輸出會直接和內部或外部顧客相連結，在運用過程管理時，需將活動的執行及相關資源進行整合與管理，以便更有效率而達到公司管理之目標，因此 PDCA(Plan-Do-Check-Action)循環，及 SDCA(Standard-Do-Check-Action)循環，可以適用於所有的過程。

通常實施過程管理時，可以採取下列方式：

1. 有系統的界定公司所需要的作業流程以及所需的結果，包括管理活動、資源管理、產品實現和量測有關的過程，並鑑別主要作業在公司各部門間的相互關係。

2. 確定爲了符合期望結果，所必須開發的關鍵活動過程，並建立明確清楚的權責，以管理主要作業。

3. 確定對過程的運作實施控制的方法與準則，並實施對過程的量測與監控，請如關鍵製程能力，以及導入適當的統計技術等。

4. 對過程的監視和量測結果進行數據分析，並尋求改善的機會，包括提供必要的資源，以提高過程的有效性與效率。例如針對資源、方法、物料等因素進行分析了解，尋找可能改善的機會並提出改善措施。

5. 評估作業流程對顧客及其他相關團體之風險，造成的結果與其他方面的影響。

6. 以過程導向的方式架構公司主要管理系統(包含建構作業流程)，達到公司目標。

7. 明確的建立品質管理系統之順序以及相互作用，各流程需要互相協調以及了解其相互之關聯性。

8. 控制並協調品質管理系統的各個過程的運作，對於品質管理系統某些關鍵或特定過程，應制訂相關運作的方法與程序，並建立公司內部執行作業規範。

9. 了解過程中每個權責與所扮演角色，以達成公司共同目標及減少跨部門的鴻溝。藉由品質管理系統的量測及審查，採取改善措施以持續提升品質管理系統績效。

條例說明(8.1/4.4/6.1/6.2)

在 8.1(營運規劃與管控)組織應規劃、實施和管制必要過程，如同在 4.4(品質管理系統及其過程)裡所陳述的，以符合提供產品與服務的要求，並實施在 6.1(風險和機會的應對措施)所決定的措施中要確保員工能意識到所從事活動的重要性與相關性，以及如何爲了實現目標(6.2)而努力。

2.1.5 改善(improvement)

　　整體績效之持續改善必須是公司追求的長遠性目標。為了提昇整體績效,公司應該不斷地改進產品品質,提升品質管理系統的有效性,以滿足顧客和其他相關團體的需求與期望,只有不斷的持續改善,公司才能夠持續進步,在進步的同時,也就意味著效率的提升以及利潤的增加,公司才能夠獲得永續經營的根基。持續改善是永無止境的,最高管理者需要對持續改善做出承諾,全體員工也必須參與持續改善的活動。

　　如何實施持續改善的活動,可採取下列措施:
1. 將持續改善列為公司的目標,除了要多方面改善公司績效,還需讓此制度深植於作業流程與全體員工觀念中。
2. 提供持續改善的方法及工具,並教育訓練相關人員。
3. 使產品、過程以及品質系統的改善,成為公司內每一個部門及員工的目標。
4. 為了執行不斷的持續改善活動,應建立相關規定並量測與追蹤改善的成效。
5. 承認持續改善的結果,對於改善有功的員工予以適時的表揚與激勵。

條例說明(10.1/10.2/10.3)

在第十章的"改善"(10.1 概述、10.2 不符合及矯正措施、10.3 持續改善)中,組織應決定並選擇改進機會,並實施必要措施以符合顧客要求和提升顧客滿意。適當時,其應包含:a)改進過程以避免不符合;b)改進產品與服務以符合已知或預期之要求;c)改進品質管理系統之結果。

2.1.6 基於證據事實做決策 (Evidence-based Decision Making)

　　有效的決策是以資料及資訊的分析為基礎。決策是公司最高管理者的權責之一,決策的正確與否,關係到公司整體興衰勝敗,最高管理者無論何時,都要面對問題、解決問題,如何執行正確的決策,是最高管理者需要面對的課題。正確的決策需要領導者以科學的態度,及客觀事實根據為基礎,透過數據分析,做出正確的判斷與決策。以 1994 年版的實施經驗來看,大部分的公司都沒有建立量化的數據,對於統計技術的應用也僅停留在表象的案件累計,對於公司實質上的決策並沒有太大的幫助。決策的目的,是希望鎖定企業發展目標,分配有限的資源,以達到最有效益的產出。

因此，透過事實的決策方法可以運用下列方式：

1. 透過量測以及有目的的收集與目標有關的訊息或各種數據，並明確規定收集這些訊息或數據的種類、方式或相關職責。
2. 確保資料及資訊的準確度及可信賴度，使資料能被取得與應用。
3. 採取各種有效的方法對訊息進行分析，分析時應採用適當的統計技術。
4. 依據對事實分析、過去經驗和直覺結果作出判斷，並採取適當的決策與改善措施。

條例說明(9.1.3/9.2/9.3)

在第九章的"績效評估"中，提出了基於適時的決策方法；其中，"分析與評估" (9.1.3)提出要選擇適當的統計技術，"內部稽核"(9.2)及"管理審查"(9.3)中針對最高管理階層應定期審查組織的品質管理系統，以確保其持續的適宜性、充分性和有效性，作了詳細的說明。

2.1.7 關係管理(Relationship Management)

公司和其供應商是相互依賴並有互利關係，以增進彼此創造價值的能力。在現代化的企業經營模式下，分工合作的模式日益專業化，企業是否能持續穩定的提供客戶滿意產品，有賴供應商所提供的物品；供應商所提供之物品的水準，能夠影響公司整體的產品品質。在企業追求利潤最大化的要求之下，往往會不斷的壓縮採購成本，為了縮減成本，供應商就必須在維持品質與降低成本間拔河，當成本無法一直無限制的被壓縮，就有可能影響產品品質，最後就會導致企業與供應商兩敗俱傷的結果。因此，為了讓供應商能夠降低成本與改善品質最好的方式，就是企業要與供應商建立彼此合作與互利共生的機制，尤其在作業流程的改善及產品品質的提升，將彼此的利益共同提升至最大化。

因此，在與供應商建立互利的關係時，可以考量以下的作法：

1. 需要慎重的鑑別與選擇主要供應商。
2. 在與供應商建立關係時，需要考量短期的獲利以及長期利益，並且從中取得一個平衡機制。
3. 對供應商應該視為重要合作伙伴，宜分享彼此專業經驗、資訊及未來共同計畫等。
4. 需要建立清楚及開放的溝通管道，主動發起對產品及流程的共同研發及改善計畫，同時解決問題。

5. 對供應商並加以激勵、及確認供應商為了達成目標所執行的改善與努力。

條例說明(8.4.1/8.4.2/8.4.3)

在第八章的 8.4 "外部供應之過程、產品與服務的管控"(其中，8.4.1 概述、8.4.2 管控方式及程序、8.4.3 給外部供應商的資訊)，闡釋有關組織應確保外部供應過程、產品與服務符合指定的要求。組織應對外部供應之產品與服務之管制供應商的評估，在選擇供應商時需要依照組織的要求及供應產品之能力作為評估的基礎。

上述七大管理原則分散在 ISO 9001：2015 的各條文中，表 2-1 所陳述的是各關聯性。

▼ 表 2-1　ISO 9001：2015 與品質管理七項原則之關聯性(○：關聯大　△：關聯小)

ISO 9001：2015 條文	顧客焦點	領導統御	全員參與	過程導向	持續改善	事實決策方法	與供應商互利關係
4. 組織背景							
4.1 瞭解組織與其背景	△	△	△	△	△	△	△
4.2 瞭解利害關係者的需求與期望	△	△	△	△	○	△	△
4.3 決定品質管理系統適用範圍							
4.4 品質管理系統及其過程				○			
5. 領導							
5.1 領導與承諾	○	○	△	△	○	○	
5.2 政策	△	○				○	
5.3 組織的角色、職責和權限	△	○	△		○		
6. 規劃							
6.1 風險和機會的應對措施	△	△	△	○	△	○	△
6.2 品質目標和達成規劃		○			○		
6.3 變更規劃	△			△		○	
7. 支援							
7.1 資源	△		△	△	△	△	△
7.1.1 概述							
7.1.2 人員			○				
7.1.3 基礎建設		△		△	△	△	△
7.1.4 作業過程的環境	○		△	△	△	△	△

ISO 9001：2015 條文	顧客焦點	領導統御	全員參與	過程導向	持續改善	事實決策方法	與供應商互利關係
7.1.5 監控和量測資源	△	△	△				
7.1.6 組織知識	△	△	○				
7.2 能力	△	△	△	△			
7.3 認知	△	△	△	△	△	△	△
7.4 溝通							
7.5 文件化資訊	△	△	△	△	△	△	△
8. 營運							
8.1 作業規劃和管控	△	△		○	△	△	△
8.2 產品與服務需求	○						
8.2.1 客戶溝通	○	△		△	△	△	
8.2.2 決定和產品與服務相關的要求		△	△	△	△	△	
8.2.3 與產品與服務相關要求的審查	△	△	△	△		○	△
8.2.4 與產品與服務相關要求的變更	△	△		△	△	△	△
8.3 產品與服務的設計和開發	△	△		△			△
8.4 外部供應之過程、產品與服務的管控	△				△	△	○
8.4.1 概述							○
8.4.2 管控方式及程序							○
8.4.3 外部供應商的資訊							○
8.5 生產與服務提供							
8.5.1 生產與服務提供的管控	△	△	△	△	○	△	△
8.5.2 標識和可追溯性	△	△	△	△	△	△	△
8.5.3 客戶或外部供應商資產	△	△	△	△	△	△	△
8.5.4 防護				△	△	△	
8.5.5 交付後的活動	△		△			△	△
8.5.6 變更管控	△	△	△	△	△	△	△
8.6 產品與服務的發行	△		△	△	△		
8.7 不符合輸出之管控	△	△	△	△	△		△
9 績效評估							
9.1 監控、量測、分析和評估	△	△	△	△	△	○	△
9.1.1 概述							

ISO 9001：2015 條文	顧客焦點	領導統御	全員參與	過程導向	持續改善	事實決策方法	與供應商互利關係
9.1.2 客戶滿意度	○		△	△		△	△
9.1.3 分析和評估	△	△	△	△	△	○	△
9.2 內部稽核			△		△	○	
9.3 管理審查	△	○		△	△	○	△
10 改善					○		
10.1 概述				△	○	△	
10.2 不符合和矯正行動			△	△	○	△	△
10.3 持續改善	△						

2-2　全面品質管理

2.2.1　全面品質管理的發展

　　全面品質管理(Total Quality Management，TQM)的概念最早的衍生可以追溯到 1950 年代，美國品質管理大師戴明(W. Edwards Deming)應日本科學家和工程師協會(JUSE)邀請至日本演講，在講題中談到“如果你能夠創造出有品質的產品，世界就為你敞開大門”。隨後，在 1961 年由美國通用公司經理費根堡(Armand V. Feigenbaum)發表在「全面品質控制」一書中提出所謂的全面品質控制(Total Quality Control，TQC)的概念，書中提到“全面品質控制(TQC)是為了在最經濟的情況下，考慮到充分滿足顧客需求的條件，進行市場研究、設計、生產與服務，把企業各部門的開發品質、維持品質與提高品質的活動結合成一個有效的系統”，這個全新的概念，當時具有劃時代的意義。TQC 在 50 年來的風行時間內，在日本、歐美等國地區不斷傳播，且在各國逐一實踐中得到更豐富而完善的收獲，演變至今日的全面品質管理(TQM)，在這發展的過程中除了戴明和費根堡外，其他的品質大師如：美國學者朱蘭(Joseph M Juran)和日本學者石川馨(Kaoru Ishikawa)、近藤良夫(Yoshio Kondo)等人對 TQM 上亦有卓越的貢獻(如表 2-2)。

　　在這發展的過程當中，隨著對品質的瞭解，逐漸由狹義的品質觀念到廣義的品質概念，企業已經能夠瞭解品質管理的目的不再是“重視產品出錯的品質”，而是“維持正常並且強調其價值”；品質管理本身不僅是一個關於產品生產活動的控制概念，例如製程的品質管制(Quality Control，QC)，而是包括生產在內的一切企業活動的管理；不再是只有企業本身的內在管理，也涉及到供應商、顧客在內的市場供應鏈各個環節彼此協調發展的外部管理；不再只是一個從事製造業的企業管理概念，也牽涉到包括製造在內的各行各業的社會化管理理念。全面品質管理是以顧客的需求為中心，承諾要滿足或超越顧客的期望，全員參與，採用科學方法與工具，持續改造品質與服務，應用創新的策略與系統性的方法，它不但重視產品品質，也重視經營品質，經營理念與組織文化。也就是以品質為核心的全面管理，追求全面性的卓越績效。在 1994 年版 ISO 9000 系列對 TQM 下了定義，而 2000 年版、2008 年版到 2015 年版更進一步融合 TQM 的概念，使 TQM 的精神更加融入企業管理之中。

▼ 表 2-2　TQM 重要發展史

時　間	事　件
1950	美國品質管理大師戴明應 JUSE 邀請赴日演講
1951	美國品質管理專家朱蘭的「品質控制手冊」出版；日本設立戴明獎
1960	日本「工廠用品質控制教材」出版
1961	費根堡的「全面品質控制」出版，並最早提出 "全面品質控制" 的概念
1962	日本出現品質控制(Quality Control，QC)小組，日本「工廠用品質控制雜誌」出版
1966	赫茨伯格(Herzberg)提出促進工作滿足感的五大動力(獲得成就、獲得認可、工作本身、責任感和自我成長)
1974	美國出現第一個 QC 小組
1979	英國出版 BS 5750 品質管理系列標準
1982	戴明的「品質、生產率和競爭地位」出版，日本 "品質管理之父" 石川馨提出品質管理七大工具
1987	ISO 9001「品質管理和品質保證」系列標準問世；朱蘭提出管理三部曲(品質計畫、品質改進與品質控制)；美國設立馬科姆 鮑德里奇(Malcolm Baldrige)品質管理獎
1989	戴明提出的品質管理十四項要點；近藤良夫的「人的動機-管理的關鍵因素」出版
1992	歐洲品質管理機構(EFQM)推出品質獎(EQA)
1994	ISO 9000 系列改版；ISO 8042 對 "全面品質管理(TQM)" 做出定義
2000	ISO 9001：2000 年版標準問世，將 TQM 思想與原則導入標準內
2008	ISO 9001 系列改版；ISO 8042 對 "全面品質管理(TQM)" 做出定義
2015	ISO 9001：2015 年版標準問世，將 TQM 思想與原則融入新版標準內

2.2.2　ISO 9001 與 TQM 的關連

如 2.2.1 節所述，ISO 9001 可以是 TQM 發展中，最具里程碑的一個成果，是 TQM 在過去發展經驗中的總結表現，這些表現呈現在 ISO 9001 所強調的程序化、系統化和文件化等手段，兩者的區別在於 ISO 9001 是管理標準，是以標準為主的品質管理模式，著重於品質管理法規的建立，通過對過程和系統的標準化控制，實施品質保證並達到持續改善的目的，以顧客所提出的品質要求為出發點，以爭取顧客的信賴與滿意程度為目標，具有操作性、示範性與法規化的特點。TQM 是一種管理科學，強調 "以人為本" 的品質管理思想，發展的品質管理概念是由企業內部發起，強調企業自主管理。相對而言，TQM 具有綜合性、基礎性和哲學性的特點。

TQM 與 ISO 9001 雖有區別，但彼此間的表現有其互補性(如表 2-3)，實質上兩者也走向互相融合。TQM 的表現在其價值基礎，對品質法規系統的表現較弱。而 ISO 9001 卻正好相反。TQM 為品質管理系統的發展提供最基本的觀念，且能提供日常品質活動的基本行為要求；而 ISO 9001 則為實施 TQM 提供具體而有效的方法，使 TQM 的活動不再僅停留於抽象的概念，使相關的品質活動能得到有效的運行。例如，當企業在推行 TQM 時，可以提高公司的管理水準，但是如果推動 TQM 的當事人離開公司，則不免又恢復原狀；而 ISO 9001 則提供一個綜合性的方法，將過程的方法清楚的表現在管理系統中，使品質管理系統程序化及文件化，使得 TQM 的活動可以持續有效而穩定的運作。具體而言，ISO 9001 對 TQM 的支持作用較具體的表現包括：

1. 績效的改進來自過程與系統的改進，而不是個人的改進。
2. 企業不能只是按照工作規範或堅持現狀，必須體認持續改善的重要性。
3. 在各個部門層級都必須要持續改善。
4. 品質過程的清楚界定是品質管理系統有效的基礎。
5. 對每個企業來說，TQM 的原則是相似的，但在實施的過程與方法是獨一的。

▼ 表 2-3　TQM 與 ISO 9001 的互補關係

相同點	TQM	ISO 9001
目的	顧客滿意、品質改進、品質創新	
原則	以顧客為中心、領導統御、全員參與、過程導向、系統管理導向、持續改善、事實的決策方法、與供應商互利關係	
相異點	TQM	ISO 9001
性質	科學管理	標準管理
功能	提供一整套品質管理的思想和方法	著重於幫助建立文件化的品質管理系統
特點	綜合性、基礎性和哲學性	操作性、示範性和法規化
與其他品質管理系統	與包括 ISO 9001 在內的各種品質管理系統相容	與其他品質管理系統相容
主要發展史	自 1951 年至今	自 1987 年至今

習 題

1. 簡述 ISO 9001 在 2015 年版的品質管理原則有哪些？

2. 企業如果要發展系統管理導向的管理概念時，要如何執行？

3. 企業與供應商形成互利關係之考量為何？

4. ISO 9001 對 TQM 具體表現為何？

5. 企業使員工全員參與之方式為何？

6. 企業如何使員工能持續改善達經營管理效果，其措施為何？

7. 事實決策依據，其相關連主要條文為何？

Chapter **3**

ISO 9001：2015 概述

- 3-1 概述
- 3-2 範圍與應用

ISO 9001：2000 將 1994 年版之 20 項條文修改為八大章節；而 ISO 9001：2015 將 2008 年版之八大章節修改為十大章節，而本書第四章開始主要是針對 ISO 9001：2015 品質管理系統之標準作詳細的探討與說明；方塊內為 ISO 9001：2015 之標準條款。

第三章主要是探討 ISO 9001：2015 標準的前言、簡介與第一至三章節部分，其目的為說明標準適用範圍、引用標準與相關詞彙之解釋定義，以便讀者瞭解。以下為本章節研讀重點：

1. 企業之品質管理系統要求是多樣化的，且與產品及服務要求不同。
2. 過程導向的內涵及採用之優點，鼓勵企業在建立、實施品質管理系統及持續改善時，採用過程導向。
3. 當本國際標準之某些要求不適用時，企業需依規定之條文暫不適用要求。
4. 本國際標準名詞定義—外部供應商與 ISO 9001：2015 年版不同。
5. 本國際標準定義—產品為產品與服務。
6. 本國際標準之文件化資訊取代前版本之文件與記錄管制。
7. 本國際標準重點—風險與機會。
8. 本國際標準重點—組織背景與組織知識。

▼　表 3-1　ISO 9001：2015 之系統架構

ISO 9001：2015 條文
1. 範圍與應用
2. 引用標準
3. 術語和定義
4. 組織背景
5. 領導
6. 規劃
7. 支援
8. 營運
9. 績效評估
10. 改善

3-1 概述

0.1 **概述**

- 品質管理系統之採用須為一個組織的策略性決策。組織的品質管理系統之設計與實施，受到組織之不同需求、特定目標、所提供的產品、所使用的過程，以及其規模大小與架構所影響。本標準並無隱含品質管理系統架構的一致性或文件化的一致性之意圖。

  本國際標準所規定的品質管理系統要求，係補充產品之要求。加註"備註"的資訊是提供瞭解或釐清相關要求之指導。

  本國際標準可供內部與外部團體(包括驗證機構)使用，以評鑑組織符合顧客、法規及組織本身要求之能力。

- **品質管理系統的導入是組織的策略性決策**，可協助提升其整體績效並為永續發展提供了一個**堅強的基礎**。依據此國際標準所實施的品質管理系統帶給組織之效益為：

  (a)促進並提升客戶滿意度；

  (b)對品質管理系統要求能達到符合性的能力；

  (c)訂定組織背景及目標及相關的風險與機會；

  (d)持續提供符合客戶及適用於法規要求的產品與服務的能力。

本國際標準可由內部或外部使用

🔊 **條文解析** ∞

- 本國際標準的目的並非包含以下需求：
  -- 統一各種不同的管理系統的架構；
  -- 文件資訊之紀錄必須包含本國際標準的條款；
  -- 在組織內必須使用本國際標準的特定術語。
- 本標準運用計畫(Plan)-執行(Do)-查核(Check)-行動(Action)，(PDCA)循環的過程導向及風險的考量。

--過程導向能使組織規劃與其過程之互動。

--PDCA 循環能使組織確保其過程有充份的資源和管理，並且改善的機會被識別與執行。

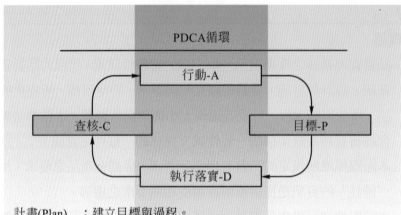

計畫(Plan) ：建立目標與過程。
執行(Do) ：實施的過程(沒有執行力，那有競爭力)。
查核(Check)：針對目標及要求，監控並檢測，實施過程，以報告其結果。
行動(Action)：採行措施藉以持續改善其過程績效。

● 本國際標準規定的品質管理系統要求與產品要求是有區別的，產品要求主要是針對產品性能、安全性、可靠性和環境適應性等方面的要求，主要為顧客、法規等方面的要求；品質管理系統要求是針對企業在品質方面的管理。一個運作良好的品質管理系統能確保企業持續生產出符合產品要求的合格品，品質管理系統要求是對產品要求的補充。

● 本國際標準使用下列動詞形態：

-- Shall 　"應該"是指要求(必須做到)；

-- Should 　"必須"是指強烈建議；

-- May 　"可以"是指許可；

-- Can 　"可能"是指可能性或能力。

註明"備註"的資訊是輔助瞭解相關要求。

3.1.1 過程導向

> 0.2 **過程導向**
>
> 當發展、實施及改進品質管理系統之有效性時，本標準採用過程導向，藉由符合顧客要求以提高顧客滿意。
>
> 為使組織有效運作，必須鑑別與管理許多相連結之活動。使用資源與管理而促成輸入轉換為輸出之一項活動，可視為一個過程。通常一個過程之輸出可直接地成為下一過程之輸入。
>
> 組織內各過程系統之應用，連同這些過程之鑑別與相互作用，及其管理，可被稱為"過程導向"。
>
> 過程導向的利益為於過程系統內，對個別過程間之連結，以及有關於其組合與相互作用，提供持續之管制。
>
> 當於品質管理系統內使用時，此導向強調下列各項之重要性：
>
> - **在品質管理系統內應用過程導向能促進：**
>
>   a) 瞭解與達成要求；
>
>   b) 在附加價值方面考慮過程的需求；
>
>   c) 獲得過程績效與有效性的結果；
>
>   d) **依據資料和資訊評估之過程的改善。**
>
>   **本國際標準鼓勵以過程導向來發展、實施和改善品質管理系統的有效性，通過滿足客戶需求，以強化客戶滿意度。採用過程導向所需的具體要求包含在條文 4.4 中。**以過程為基礎之品質管理系統模式顯示於圖 3-1 中，係說明第 4 至 10 章中所述之過程連結。此說明顯示在界定要求成為輸入之過程中，顧客扮演一個重要之角色。顧客滿意度的監督，要求有關顧客感受資訊之評估，以作為有關組織是否符合顧客要求。
>
>   圖 3-1 顯示之模式包含本標準之全部要求，但並不展現過程之細節。
>
> - 備註： 此外，已知之"計畫－執行－查核－行動"(PDCA)方法，可應用於所有過程。PDCA 可以簡單地描述如下：

a) 計畫(Plan)：依照顧客要求與組織政策，建立為交付結果所需之目標與過程。

b) 執行(Do)：實施過程。

c) 檢查(Check)：針對產品之政策、目標及要求，監督並量測過程與產品，以及報告其結果。

d) 行動(Action)：採取措施已持續改進過程績效。

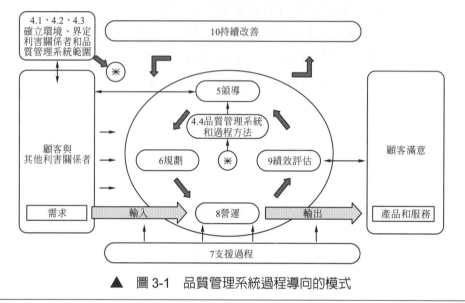

▲ 圖 3-1　品質管理系統過程導向的模式

∽ 條文解析 ∾

1. 說明過程導向的內涵及採用過程導向的優點，鼓勵企業在建立、實施品質管理系統及持續改善時採用過程導向(圖 3-2：過程導向範例說明)。

2. 為使企業能有效地運作，必須鑑別和管理許多相互連接的作業活動，使用資源與管理而成了輸入轉輸出的一項活動，可稱為一個過程。通常先前一個過程之輸出可作為下一個過程之輸入。

3. 品質管理系統中應用過程導向時強調：

   (1) 理解與滿足對過程的要求；

   (2) 從附加價值角度考慮過程；

   (3) 獲得過程績效與有效性的結果；

   (4) 客觀的量測結果並持續改善過程。

4. 企業將顧客要求作為產品實現過程的輸入,通過產品實現過程,經產品實現過程的輸出(即產品)提交給顧客,增強顧客滿意。顧客滿意與否,需要組織通過監督、量測和分析來評估是否滿足顧客要求。

5. 模式中的七個方框"組織背景"、"領導"、"規劃"、"支援"、"營運(作業)"、"績效評估"和"改善"分別代表標準中的第 4、5、6、7、8、9、10 章;而箭頭表示其邏輯順序。圖中的大箭頭表示一個企業品質管理系統的所有過程都應得到持續改進,且"品質管理系統"隱含在整個模式圖中。

6. 根據監督和量測的結果,採取矯正措施,並且持續改善過程。

7. S-D-C-A 為,"標準－執行－查核－行動"(SDCA)方法,亦可應用於所有過程。

範例說明

過程導向的特性有輸入、增加的附加價值作業、輸出與可重覆的過程,以下為基礎模式(IPO):

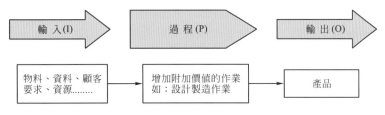

▲ 圖 3-2 顯示任一過程及其元素的相互影響

管控所需要的監控和量測檢查點,對每個過程都是獨特的且會依相關風險而不同。

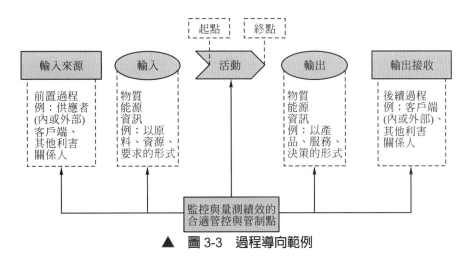

▲ 圖 3-3 過程導向範例

3.1.2 與 ISO 9004 之關係

⋙ 條文內容 ⋘

> ### 0.3 與 ISO 9004 之關係
>
> ISO 9001 及 ISO 9004 之目前版本,已經發展成為品質管理系統標準的一致性配對,具有互補功能,但亦可以單獨地使用。雖然此兩個標準各有不同的範圍,但為易於使用,卻有類似之架構,以協助其成為一致性配對之應用。
>
> ISO 9001 所規定之品質管理系統要求,可適用於組織內部的應用、或為驗證,或為合約之目的。其重點在品質管理系統能符合顧客要求之有效性。
>
> ISO 9004 在品質管理系統的目標方面,特別是組織的全盤績效與效率之持續改進,以及其有效性,給予較 ISO 9001 更為廣泛的指導。組織之最高管理階層期望超越 ISO 9001 之要求,以追求績效之持續改進時,ISO 9004 可建議作為一項指引。它並無作為驗證或合約目的之意圖。

⋙ 條文解析 ⋘

1. 描述 ISO 9001 與 ISO 9004 的關係,及其應用範圍和目的。

2. ISO 9001 與 ISO 9004 已制訂成一致性的品質管理系統標準,皆使用過程導向模式、運用相同的術語,並且遵循著相同的七項品質管理原則。

3. ISO 9001 規定的品質管理系統要求可提供企業內部品質管理、認證或合約時使用。ISO 9004 提供企業內部建構品質管理系統之指導方針。

4. ISO 9001 著重於品質管理系統的有效性;ISO 9004 加重視持續改善企業的績效與效率。

3.1.3 其他管理系統之相容性

ଔ 條文內容 ଔ

> **0.4 與其它管理系統之相容性**
>
> 為了使用者共同之利益，本標準已與 ISO 14001：2015、
> ISO45001：2018 相配合，以強化兩標準之相容性。
>
> 本國際標準並不包含其他管理系統所規定之要求，例如環境管理、職
> 業衛生與安全管理、財務管理或風險管理等之特定要求。無論如何，
> 本國際標準使組織能夠與相關之管理系統要求調和，或整合其本身之
> 品質管理系統。組織可改編其現行管理系統，以建立符合本標準要求
> 之品質管理系統。

ଔ 條文解析 ଔ

1. 強調本國際標準的品質管理系統與其他管理系統的相容性。
2. 組織可把品質管理系統與其他管理系統融合起來，建立一體化的管理體系。
3. 本國際標準包含環境管理、職業安全與衛生管理之風險管理特定要求。

3-2 範圍與應用

ଔ 條文內容 ଔ

> 1. **範圍與應用**
>
> 1.1 **適用範圍本標準規定品質管理系統要求，當組織：**
>
>   a) 需要展示其一致地提供符合顧客與適用法規要求的產品之能力；
>
>   b) 藉由系統之有效應用，朝向提高顧客滿意度，包括系統持續改進
>   之過程及符合顧客與適用法規要求之保證。
>
> 備註：在本標準內，"產品與服務"一詞適用於顧客所期望，或所要求之產品。

> ### 1.2　應用
>
> 本標準之所有要求是一般性的，並意圖適用於所有組織，不論其類型、規模大小及所提供之產品為何。
>
> 由於組織及其產品之特質，本國際標準之任何要求不能加以應用時，可考慮暫不適用。
>
> 當決定暫不適用項目時，以不影響組織提供滿足顧客與適用法規要求的產品之能力或責任。

✎ 條文解析 ✐

1. 說明本國際標準適用對象，及使用本國際標準之目的。

2. 組織透過品質管理系統的有效應用、系統的持續改善過程及符合顧客期待與適用法規要求，可增進顧客滿意度。

3. 由於組織及產品的特點，當本國際標準的要求不適用時，組織不可進行刪減，但可以說明不適用之原因，不適用標準的要求以第 8 章為主，例如，該組織純粹為代工(OEM)，條文 8.3 暫不適用。

4. 本國際標準以"產品與服務"取代原有產品之需求。

✎ 條文內容 ✐

> ### 2.　引用標準
>
> 下列引用文件所包含之條款，被本文引用後即構成本國際標準之條款。就加註日期之引用標準言，任何這些版本之後續修正或改訂並不適用。無論如何，鼓勵以本國際標準為協議基礎之團體，調查應用下列所述引用文件之最新版本的可能性。對於無日期之引用標準言，應參考使用標準文件之最新版本。IEC 及 ISO 之會員維持最新有效標準之登錄。
>
> ISO 9001：2015 品質管理系統－基本原理和詞彙

✎ 條文解析 ✐

1. 說明本國際標準引用的標準。

2. 無論引用何種標準，皆以最新版本為主。

> 3. **名詞和定義**
>
> 為本標準之目的，ISO 9001：2015 所列之各項名詞與定義均可適用於本標準。
>
> 本版次 ISO 9001：2015 所用以描述供應鏈之下列名詞，已經加以變更，以反映目前所使用之詞彙：
>
> 外部供應 → 組織 → 顧客
>
> "組織"一詞取代 ISO 9001：2008 年版所使用之"公司"，且泛指應用此標準的任何單位。
>
> 同樣地，"外部供應"一詞現取代"採購商、分包商"。
>
> 本標準全部本文中，凡出現"產品"一詞，亦可表示"服務與商品"之意。

ᘒ 條文解析 ℭ

1. 瞭解本國際標準的術語定義。

2. ISO 9001：2015 名詞術語：

   (1) 組織(Organization)：指公司或非營利組織等各單位。

   (2) 產品與服務(Goods & Services)：適用於客戶要求的產品(或商品)與服務。

   (3) 品質管理系統(Quality management system，QMS)：是指與品質有關的指導和管制，使其組織有系統的建立品質政策/目標，並達成這些目標。

   (4) 程序(Procedure)：執行作業時，相關單位所需遵守的管理規則或辦法。

   (5) 品質承諾(Quality promise)：高階管理者對達到品質要求提供信任。

   (6) 品質(Quality)：產品與服務要求的程度，能達滿足客戶和其他相關團體要求的能力。

   (7) 要求(Requirement)：要求的隱含的或必須履行的需求或期望。

   (8) 等級(Level)：對產品及服務系統所做的分類或分級。

   (9) 客戶滿意(Customer satisfaction)：客戶對產品及服務以滿足其需求和期望程度的意見。

   (10) 品質政策(Quality policy)：由最高管理者正式發佈的與品質有關的組織願景和方向。

(11) 品質目標(Quality objectives)：以政策擬定組織追求之量化指標。

(12) 最高管理階層(Top management)：在最高層指導和掌控組織的個人或一群組。

(13) 品質改善(Quality improvement)：致力於提高品質之有效性。

(14) 工作環境(Work environment)：人員作業時所處的場所。

(15) 風險(Risk)：為潛在對組織產生不符合的情況。

(16) 矯正措施(Corrective action)：為消除已發現的不符合的原因所採取的措施。

(17) 稽核範圍(Audit scope)：某一既定稽核的系統類別、產品別及位址別。

(18) 稽核(Audit)：為獲得證據並對其進行客觀地評估，以確定滿足稽核準則所進行的系統的、獨立的並形成文件的過程。

ISO 習 題

1. 過程導向的重要性爲何？

2. ISO 9001：2015 與其他品質管理系統的相容性如何？

3. 此國際標準所實施的品質管理系統帶給組織之效益爲何？

4. 在 ISO 9001：2015 名詞中，組織、品質管理系統與最高管理階層的定義爲何？

5. 說明 PDCA/SDCA 代號意義？

Chapter **4**

組織背景

第四章是說明 ISO 9001：2015 組織背景之 4.1~4.4 條款。內容主要是要求公司採用過程方法建構組織背景，同時規範過程方法必須涵蓋的項目與範圍，並特別強調公司必須管理外部供應之過程，以確保外包產品與服務之品質。以下為本章節研讀重點：

1. 公司依照條款要求來建立內部背景及外部背景。
2. 組織背景之文件要求與架構。
3. 組織背景文件應包括哪些要項。
4. 哪些內部、外部因素。
5. 營運目的及策略方向。
6. 讓組織的管理系統應依大環境之變遷、客戶之要求、法規…等改變，考慮組織是否有能力去應變，包括產品、服務、管理、流程、QMS、…等之改變，因應改變組織如何識別風險，對風險和機會的應對措施如何展開。

4-1　　瞭解組織和其背景

✍ 條文內容 ✍

> 4.1　**瞭解組織和其背景** Understanding the organization and its context
>
> 組織應決定和組織目的及其策略目標相關的內部和外部問題，以及影響達成其品質管理系統預期結果的能力。
>
> 組織應監測與審查有關上述決定之內部和外部的相關資訊。
>
> 備註 1：　瞭解外部背景，可藉由以來自法律、科技、競爭、市場、文化、社會和經濟環境議題的幫助，不論是國際、國家、區域或地方性。
>
> 備註 2：　了解內部環境時，可藉由考慮那些和組織價值、文化知識和組織績效有關之議題。

✍ 條文解析 ✍

1. 闡述建立品質管理系統之組織和其背景和持續改進品質管理系統有效性的總體概念。
2. 強調產品服務流程的品質是流程方法、PDCA(計畫-執行-檢查-行動)控制與系統管理的具體實現。
3. 從合約接單、服務執行、品質監督、持續改善……等說寫做之一致性、有效性及充分性，並需瞭解影響組織背景，及其內外部問解決之能力。
4. 內、外部背景之分析。

範例說明

瞭解組織對內、外部背景關心議題之 SWOT 說明，如圖 4-1 所示。

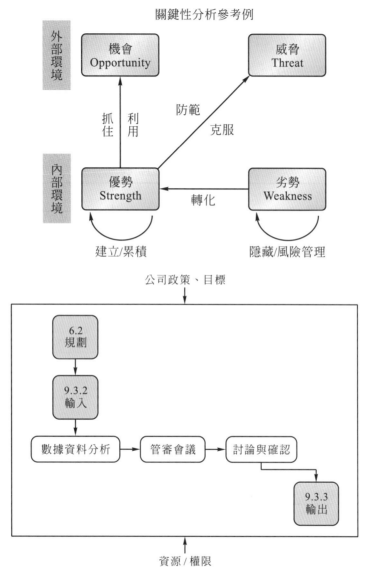

▲ 圖 4-1　SWOT 範例

品質管理系統中的主要背景包括：
- 外部處境，可藉由以來自法律、科技、競爭、市場、文化、社會和經濟環境議題的幫助，不論是國際、國家、區域或地方性。

· 內部環境時，可藉由考慮那些和組織價值、文化知識和組織績效有關之議題。

1. 內部因素：與組織營運目的、策略相關連，或是影響品質管理系統相關因素

    1.1 優勢(Strength)：列出組織目前內部優勢。

    1.2 劣勢(Weak)：列出組織目前內部劣勢。

2. 外部因素：與組織營運目的、策略相關連，或是影響品質管理系統相關因素

    2.1 機會(Opportunity)：列出組織目前外部機會。

    2.2 威脅(Threat)：列出組織目前外部威脅。

3. SWOT 分析之組合，可分為，SO(增長型)、WO(扭轉型)、ST(多元經營型)、WT(防禦型)，依組織分析後，可決定組織之未來走向。

表 4-1　SWOT 分析表

內部環境 / 策略 / 外部環境	優勢(S)	劣勢(W)
	1. ISO9001：2015 導入 2. 自營工廠 3. 工業 4.0 自動化導入 4. 經營者具有管理背景 5. 生產空間大 6. 產品品牌知名度高 7. 環境佳 8. 員工素質提升，向心力強 9. 國際交流頻繁	1. 廠區擴建不易 2. 能生產產品有限(工廠機器設備) 3. 業務行銷能力不足 4. 公司行政人員不足，不夠專業 5. 委外加工，品質控制不易 6. 人員素質低落 7. 營運週轉金不足
機會(O) 1. 品質佳接受度較高 2. 國外的廠商注目 3. 原物料價格下滑 4. 多元化市場 5. 研發能力強 6. 高價位市場波動少 7. 國際標準導入 8. 網路行銷發達	(SO) 1. 掌握國際情勢 2. 投入政府相關政策需要 3. 落實 9001 4. 多元創新 5. 利用優勢，掌握機會 6. 擴大經濟規模	(WO) 1. 加強人員訓練 2. 委外承包管控 3. 供應鏈加強 4. 尋求政府協助 5. 利用機會彌補組織劣勢 6. 尋求轉型契機
威脅(T) 1. 同業的惡性競爭 2. 原物料來源不足 3. 消費力降低 4. 少子化 5. 原料價格不穩定 6. 人員招募不順 7. 政府法規太嚴格 8. 沒有品牌	(ST) 1. 掌握市場脈動 2. 原料多元化 3. 自動化 4. 利用優勢克服威脅 5. 創立自有品牌	(WT) 1. 善用有限資源 2. 人員有效運用 3. 落實 QMS 4. 面對現實知所進退 5. 退出該產業等待轉機

（外部環境）

4-2　瞭解利害關係者的需求和期望

⑧ 條文內容 ⑧

> 4.2 **瞭解利害關係者的需求和期望** Understanding the need and expectations of interested parties
>
> 基於利害關係者對組織持續提供產品與服務，以符合顧客和適用法規要求之能力的影響或潛在影響，組織應決定：
>
> a) 和品質管理系統有關的利害關係者。和
>
> b) 這些利害關係者對品質管理系統相關之要求
>
> 組織應監控與審查關於上述之利害關係者及其相關要求之資訊。
>
> 備註 2：　品質管理系統文件化之程度，各公司間可由於下列因素而有所差異：
>
> a) 公司之規模與作業之型態；
>
> b) 過程與其相互作用之複雜性；
>
> c) 人員之能力。
>
> 備註 3：　文件化可以採用任何形式或形態之媒介物。

⑧ 條文解析 ⑧

1. 基於利害關係者對組織持續提供產品與服務，以符合顧客和適用法規要求，本條款闡述了組織制訂品質管理系統範圍。

2. 外在影響或潛在影響，組織應決定包括：

   (1) 和品質管理系統有關的直接利害關係者，是只受到組織決策及活動影響之人員或群體。

   (2) 這些利害關係者對品質管理系統相關之要求。

   (3) 組織為確保過程的有效計畫、運作及管制所需的文件，如對特定的項目、產品與服務、活動過程或合約，規定何人及何時應使用哪些程序與相關資源的文件稱為品質規劃。公司能夠根據過程是否能達到目標而考慮編制各類文件，此文件可包含規定、安排、方法、準則、方式等，使組織(公司)可靈活地運用 ISO 9001：2015 國際標準。

3. 品質管理系統文件化之程度，各組織間可由於下列因素而有所差異：
   (1) 組織之規模與作業之型態；
   (2) 過程與其相互作用之複雜性；
   (3) 人員之能力。
4. 利害關係人
   　　可影響一項決定或活動，受其影響，或認為自己受其影響之個人或組織包括：
   組織內部和外部有關群體，顧客、供應商、競爭者、股東、雇員、銀行、工會
   、政府、媒體、社區、有關社會團體等。
5. SWOT 分析。是指組織之內部優勢(Strength)、組織之內部劣勢(Weakness)、組織之
   外部機會(Opportunity)、組織之外部威脅(Threat)，加上組織因應策略，可利用 SWOT
   分析表，如下所示：

範例說明

　　品質管理系統的文件影響企業的運作，企業在規劃品質系統文件時，需要考量到如何進行，一般文件可分為好幾個階層，其結構可以金字塔形描繪。以圖 4-2 為例，將文件分為 4 個階層，最高指導原則為品質手冊、其下為程序書、工作指導書，最後才是表單等紀錄。企業可以根據公司內部文件的種類、重要性、複雜度等規劃品質文件的層級，企業型態較簡單，企業規模小者，其文件階層可能只有三或四階；若是企業型態複雜，組織規模龐大者，甚至有五、六階文件，如何設計最為適中，需在企業在品質管理系統規劃時就應予考量。

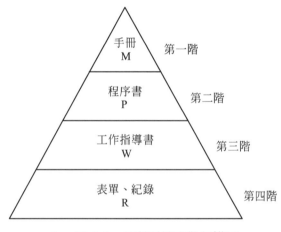

▲　圖 4-2　品質系統文件架構圖

1. 文件化要求：公司應將 ISO 9001 國際標準的特殊要求、程序、活動或特別安排之事項文件化，並實施且維持，文件化的形式可利用書面、電子、磁碟、光碟、照片、圖檔、或其他方式呈現。

2. 品質管理系統的文件化內容：建立適合公司運作之文件，當公司規模小、活動型態單純、複雜程度低、人員能力強時，可以靈活的將不必要之過程簡化，縮短流程往返的時間，提昇整體效率。

4-3 決定品質管理系統的範圍

> 4.3 **決定品質管理系統的範圍** Determining the scope of the quality management system
>
> 組織應決定品質管理系統的界線和適用性，以建立它的範圍。
>
> 在決定範圍時，組織應考慮：
>
> a) 參考條文 4.1 中提到的外部和內部的問題，及
>
> b) 條文 4.2 中所提到之利害關係者之要求
>
> c) 組織的產品與服務在所決定之範圍內，此標準的任一要求為適用時，則該要求應適用於該組織。
>
> 若此標準之任一要求為不適用時，其應不影響組織確保符合產品與服務之能力或責任。
>
> 範圍應適用於及以文件化資訊聲明如下之方式，予以維護：
>
> －品質系統涵括之產品和服務

1. 組織應決定品質管理系統的界線和適用性，以建立它的範圍。在所決定之範圍內，此標準的任一要求為適用時，則該要求應適用於該組織。

2. 在決定範圍時，組織應考慮：

   (1) 系統別，如 ISO9001:2015 為品質管理系統。

   (2) 位址別，同一組織，其一證可適用多廠區。

   (3) 產品別，依國際規定產品分 39 種。

3. 若此標準之任一要求為不適用時，其應不影響組織確保符合產品與服務之能力或責任。

4. 範圍應適用於及以文件化資訊聲明之方式，予以維護。

範例說明

組織應決定品質管理系統的界線和適用性，以建立它的範圍時。需要最高管理階層的參與，在確認前，也需要高階管理者的核准。在所決定之範圍內，此標準的任一要求為適用時，則該要求應適用於該組織。最高管理階層除了瞭解整個品質管理系統(品質系統涵蓋之產品和服務)的概念外，也需負責推動整個品質管理系統之運作，文件化資訊必須予以維護。

4-4　品質管理系統及其過程

∾ 條文內容 ⋘

4.4　品質管理系統及其過程

4.4.1　組織應依據本國際標準要求，組織應建立、實施、維持和持續改善品質管理系統，並包括所需的過程和其相互作用。

組織應決定品質管理系統所需的過程及其於組織中之應用，並應決定：

a) 這些過程所要求的輸入及預期的輸出；

b) 過程間的順序和相互關係；

c) 允收準則、方法，包括所需之量測和相關績效指標，以確保這些過程之有效運作及管制；

d) 決定所需資源和確保其可用性；

e) 指派這些過程之職責與權限；

f) 因應依據 6.1 要求決定之風險和機會；

g) 評估過程和實施需要的變更，以確保其達成預期結果；

h) 過程及品質管理系統改善之機會。

4.4.2　在必要的程度上，組織應：

a) 維持文件化資訊以支援其過程的作業；

b) 保存文件化資訊為過程按照計畫執行提供信心

⽈ 條文解析 ⑥

1. 本條款規定品質管理系統所要求的文件管制重點。本新版國際標準明確指出「維持文件化資訊」的要求。(意思就是要寫文件)

    (1) 在 ISO 9001：2008 國際標準中，使用「紀錄」表示需提供符合要求的證明文件，ISO 9001：2015 則以「保存文件化資訊」的要求來呈現。決定什麼文件化資訊需要必保存、保存的期限以及保存文件所使用的媒介。(意思就是要留下執行的證據)

    (2) 維持文件化資訊的要求並不排除組織可能也需要為特定目的「保存」相同文件化資訊的責任，例如保存前一版的文件化資訊。

    (3) 當本國際標準提及「資訊」而非「文件化資訊」(例如條文 4.1，『組織須監控和審查關於這些外部及內部議題的資訊』)，表示並不要求此資訊被文件化。在此類情況下，組織可以決定是否是必要或合適維持文件化資訊。

2. 文件管制的目的：文件管制一般是指對文件的制訂、審查、核准、分發、使用、修改、回收及作廢等過程之活動。

3. 文件化資訊，作為與其它管理系統標準朝向一致性的一部分，一項通用之條文「文件化資訊」被延續使用且無重大變更或增加內容(參考條文 7.5 文件化資訊)。適宜時，本國際標準的其他內容也遵照此一要求。因此，「文件化資訊」運用於所有文件要求。

    (1) 文件分發前必須得到審核，以確保文件適切性(文件內容適合組織與產品與服務狀況)與充分性(文件內容包含各項要件)。

    (2) 組織可以根據需要，對文件進行定期審核，以確保文件是否符合所需、是否需作修正或更新，文件若發生修訂則需提出原來核准的資料，再經過原始審查及核准單位核准。

範例說明

企業在進行產品與服務流程品質系統規劃時，需先要瞭解組織品質管理系統的流程全貌，從而定義負責的部門以及作業流程涵蓋哪些單位？哪些部門執行最有效率？產品與服務流程的適切性？以維持與執行有效能的品質管理系統。品質管理系統的總體概念圖如圖 4-3 所示。

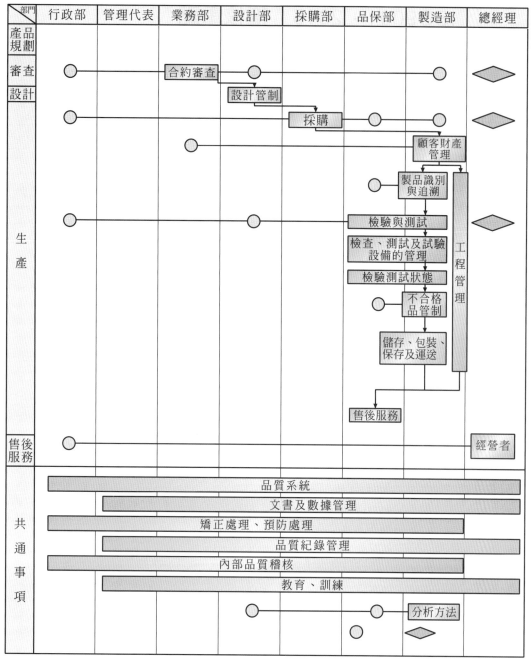

(注)：⬡ ：相關單位　⬦ ：核准

▲　圖 4-3　品質管理系統圖

4　組織背景　　∽　稽核重點　∾

- ◆　組織有那些核心競爭能力？
- ◆　內部環境議題有哪些？(SWOT 分析表)
- ◆　外部環境議題有哪些？(SWOT 分析表)
- ◆　企業面臨著哪些特殊的外部競爭環境？
- ◆　如何分析組織的能力？
- ◆　組織面臨各種競爭環境，管理者是應具備那些能力？
- ◆　利害相關者關心議題為何？
- ◆　品質管理系統(QMS)所需過程為何？
- ◆　管理系統之範圍為何？

ISO習題

1. 過程對產品與服務品質影響程度各有不同，組織可採用哪些方法識別哪些過程？

2. 條文 4.1 中提到組織採用識別過程之方法爲何？

3. 利害關係人涵蓋哪些？

4. 外部背景，可藉由哪些議題幫助？

5. 品質管理系統所需的過程及應用(4.4.1)，各組織間可由哪些因素？

6. 條文 4.2 中所提到稽核之重點爲何？

Chapter **5**

領導統御

第五章主要說明 ISO 9001：2015 品質管理系統之 5.1~5.3 之條款。內容闡述組織高階管理者應承擔的管理職責，並由高階管理者提出管理承諾、政策、組織的角色、職責和權限等要求，以確保顧客的要求得到滿足，提昇顧客滿意度。以下為本章節研讀重點：

1. 組織之最高管理階層應做出管理承諾。
2. 以顧客為重的服務理念。
3. 品質政策。
4. 組織的角色、職責和權限

5-1　領導與承諾

✜ 條文內容 ✜

5.1　**領導與承諾** Leadership and commitment

5.1.1　概述

高階管理者應以下列方式展現其對品質管理系統領導力和承諾：

a) 為品質管理系統的效益負起責任；

b) 確保為品質管理系統建立品質政策及品質目標，並使其與組織策略方向與背景兼容；

c) 確保品質管理系統的要求納入組織的營運過程；

d) 推行過程導向和基於風險考量的運用；

e) 確保品質管理系統所需資源的可得性；

f) 傳達有效的品質管理和符合品質管理系統要求的重要性；

g) 確保品質管理系統達到其預期的效果；

h) 參與、指導和支持員工促成品質管理系統的效益；

i) 促進改善；

j) 支持其他相關管理職位在各自負責的領域展現其領導力。

註：本國際標準中"營運(作業)"可被泛指組織存在的核心目標，無論是公營、私營、營利或非營利的組織。

❧ 條文解析 ❧

1. 本條款闡述企業之最高管理階層應做出的管理承諾之內容，以及對管理承諾應證實的相關事項。另外，企業最高管理階層應對活動過程的有效性、效率及實現過程方法加以審查，如下為管理者六大承諾。

2. 管理者之六大承諾

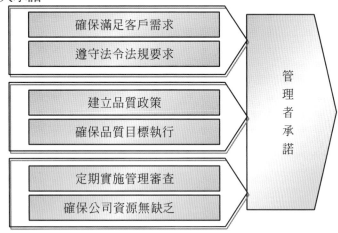

3. 最高管理階層是指在高層指揮和控制企業的一個人或一群人。

4. 管理承諾包括建立、實施品質管理系統並對其有效性作持續之改善。

5. 最高管理階層應對管理承諾提供下列證據：

   (1) 企業應了解滿足顧客需求及與產品品質有關的法規要求，同時需向企業全體員工及時傳達訊息以符合顧客和法律、法規要求。

   (2) 品質政策與品質目標是企業用於判定品質管理系統運作有效性之依據，是企業在品質方面所追求之目標、宗旨與方向，所以企業應制訂適合企業本身的品質政策與品質目標。

   (3) 最高管理階層應對於品質管理系統的適用性、適切性及有效性進行審查，藉此可發覺組織所建立之品質管理系統需改善之處，及是否達到品質管理系統所規定之目的與宗旨(參見管理審查 9.3 條款)。

   (4) 最高管理階層應確保
      能獲得、建立、實施品質管理系統有效性之相關資源。

(5) 國際標準要求(如，ISO9001、ISO14001、ISO45001、ISO14067..等)，各區域要求法規(如，CE、UL…等)，本國政府法規法令要求，(如職業安全衛生法，環境保護法…等)。

範例說明

企業最高管理人員可以透過下列工具，展現公司內部權責的界定以及相關的承諾與溝通。

1. 組織圖：利用組織圖界定相關部門的功能以及權責。

2. 部門執掌：可以依據組織圖下的各部門，建立品質管理系統有效性的權責。

3. 品質管理系統圖：可以展現品質管理系統的相關性、連結性以及共通性，確保品質管制系統實現預期的輸出。

4. 流程管理：利用流程管理的方式，將相關的作業流程整合，以達產品符合性。

5. 法規法令專案管理：一些需要跨部門協調的工作或任務，可以利用專案管理的方式執行統合處理。

6. 吸納、指導和支持員工參與對品質管制系統的有效性作出貢獻增強持續改進和創新。

7. 領袖必備條件：品格、關係、知識、經驗及能力。

৪ 條文內容 ৪

> 5.1.2　客戶導向
>
> 高階管理者應確保下列幾點以展現其針對客戶導向的領導力和承諾：
>
> a) 客戶和適用法令法規的要求得到確定、瞭解和持續滿足；
>
> b) 影響產品與服務符合性的風險與機會及提升客戶滿意度的能力得到識別和應對；
>
> c) 保持以穩定提供滿足顧客和相關法規要求的產品和服務為焦點；
>
> d) 保持對提升客戶滿意度的關注。
>
> 備註：本標準中的"業務"可以廣泛地理解為對組織存在的目的很重要的活動。

৪ 條文解析 ৪

1. 本條款闡述企業的生存、發展與客戶密切相關，所以最高管理階層應增強與客戶的溝通及提昇客戶滿意度。

2. 客戶要求的辨別：客戶之要求並不限於對產品，尚包含對企業內之附加要求、法律法規之要求、涉及品質管理系統的過程與設備之要求等。

3. 確定客戶要求：最高管理階層應確保確知顧客指定、規定用途或已知的預定用途所需的要求，企業應承擔與產品有關責任或有義務滿足法規方面之要求。

4. 國際法規、區域規範及當地政府法規法令要求。

範例說明

企業需要以提昇顧客滿意度為目標。例如餐飲服務業提昇顧客滿意度的方式，可以從顧客一進門的服務，一直到結帳的整個流程，都可以加進一些提昇顧客滿意度的方式，高階管理階層必須要有提昇顧客滿意度的認知，甚至親自去帶領員工，加強顧客的服務，使顧客覺得用餐環境很舒適，並且願意再來，對於作不好的地方，也可以透過適時的顧客溝通而獲取資訊。

5-2　政策

5.2　政策

5.2.1　建立品質政策
高階管理者應建立、實施並維護如下述的管理政策：
a) 適合組織的目的和背景且支持其策略方向；
b) 提供建立品質目標的架構；
c) 包含滿足適用要求的承諾；
d) 包含持續改善品質管理系統的承諾。

5.2.2　溝通傳達品質政策
品質政策應：
a) 是可得並以文件化資訊維護；
b) 於組織內傳達、理解並應用；
c) 適當時，可供利害關係者利用。
備註：品質管制原則可作為品質政策的基礎。

✑ 條文解析 ✑

1. 品質政策是由企業的最高管理階層正式發佈的品質政策與品質方向，是實施和改善企業品質系統的原動力；品質政策是品質目標制訂的最高指導原則，是評價品質管理系統有效性運作之基礎。因此最高管理階層應對品質政策的制訂和實現負責，本條款規定品質政策之要求。

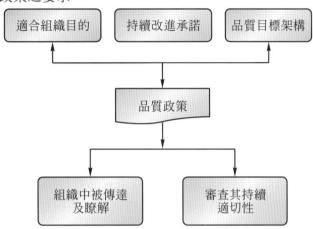

2. 品質政策應考量：

    (1) 與企業的宗旨相互關係：企業的設立宗旨會考量到環境、安全、未來發展以及策略等，品質政策應不能違背企業設立的宗旨；不同的企業其產品的類型、規模、品質政策與發展方向皆不相同，所以應制訂適合企業宗旨且能滿足客戶要求之品質政策。

    (2) 包含對滿足要求的承諾：這種要求是指滿足顧客的要求和法律法規之要求，通常企業會將這些要求轉化爲產品、過程和品質系統之特性。

    (3) 對持續改善品質管理系統的有效性做出承諾：品質系統之有效性是指企業在完成品質管理系統規劃的活動和達到品質管理系統目標的程度，可表現在企業提出的品質政策、目標是否實現。

    (4) 品質政策是建立品質目標的原則與基礎：企業品質目標是品質政策的具體實現，品質政策指出企業的品質方向，而品質目標是品質方向的落實與展開。

    (5) 品質政策佈達方式有：：Line、E-mail、標語、海報、網站、公告、小卡片…等。

3. 為使品質政策具體實現，最高管理階層應確保品質政策在企業內得到溝通與理解，並使相關人員認識所從事的活動之相關性和重要性，及如何在崗位上為實現工作的品質目標做出貢獻。

4. 企業應對品質政策進行持續且適切性的評估，必要時予以修訂，以符合企業內外環境之變化。

5. 應有文件化且滿足上述要求的品質政策，且此政策要經過核准且有持續適切性的審查之證據。

6. 品質政策應不為口號，而需能與企業整體目標契合，宜有文字說明政策之精神，品質政策可為一段文字，表現出公司對於品質追求的企圖心。

範例說明

最高管理階層應共同制訂適合企業的品質政策與品質目標。品質政策應該依據公司短、中、長期的策略與方向制訂政策；而品質目標則需要能夠具體且能夠用量化，這樣量化的數據是比較客觀且科學的方法，也因此才能夠達到持續量測與監控的目的。(如圖 5-1)

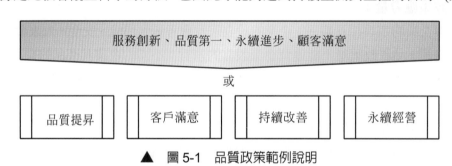

▲ 圖 5-1　品質政策範例說明

5-3   組織的角色、職責和權限

> ## 5.3   組織的角色、職責和權限
>
> 高階管理者應確保相關職位的職責和權限,已於組織內分派、傳達和理解。
>
> 高階管理者應為下列原因指派職責和權限:
>
> a) 確保品質管理系統符合國際標準要求;
>
> b) 確保該過程實現預期輸出;
>
> c) 報告(尤其向高層管理者)品質管理系統的績效和改善(參 10.1)的機會;
>
> d) 確保整個組織都致力於提升客戶導向;
>
> e) 當品質管理系統計畫與實施變更時,應確保維持品質管理系統的完整性。

∞ 條文解析 ∞

1. 企業內各部門之職責、權限以及溝通,對指揮和控制組織內部與品質系統有關活動之協調及品質目標實現極為重要。

2. 最高管理階層應確保:

   (a) 企業內的職責與權限已被界定,亦即明確要求組織內各相關部門的工作職責及相關權限。

   (b) 將界定後各部門的職責與權限傳達到企業內,亦即在各項職責以及權限界定清楚後,透過各種方式(如手冊、職務說明書、會議、公告、Line、電子郵件等)傳達給企業內所有人員知悉,使人員對各自的職責與權限規定更清楚,進而促使企業之品質管理系統之更有效。

3. 在組織中發掘可造之材:具有潛力者、積極樂觀者、有助力者、有經驗能力者…等,推動品質管理要從卓越的領導、人才培訓與人員激勵著手。

4. 組織之架構最常見如下之水平式設計：

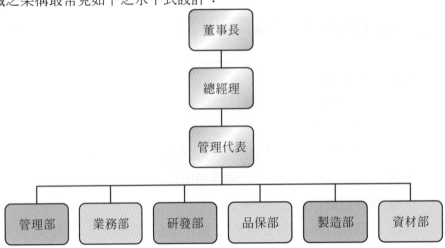

範例說明

企業需將各部門的職責與權限清楚的定義，一般企業最常利用組織圖，組織圖的製作方式有很多種，只要能呈現的清楚展現公司運作的架構，將公司有的部門以及其從主關係進行描繪就可以，如以下圖 5-3 之範例說明(屬於下拉式架構設計)。

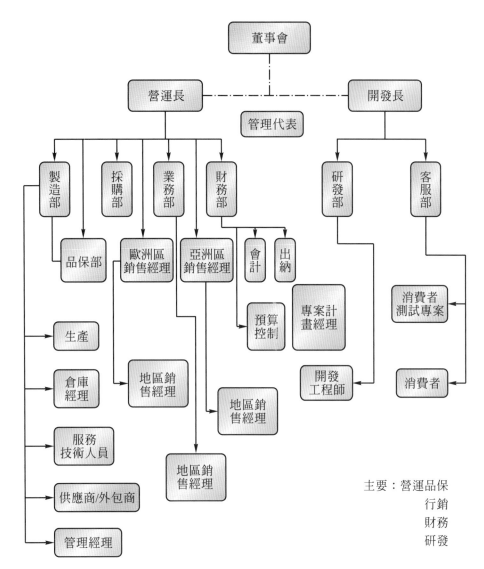

董事會

營運長　管理代表　開發長

製造部　採購部　業務部　財務部　研發部　客服部

品保部　歐洲區銷售經理　亞洲區銷售經理　會計　出納　消費者測試專案

生產　預算控制　專案計畫經理

倉庫經理　地區銷售經理　開發工程師　消費者

服務技術人員　地區銷售經理

供應商/外包商　地區銷售經理

管理經理

主要：營運品保
　　　　行銷
　　　　財務
　　　　研發

▲　圖 5-3　組織與功能圖範例

5　領導力　⁊　稽核重點　؃

5.1 領導承諾

◆ 高階管理者向組織宣達，符合客戶和法令要求重要，有何證據？

◆ 如何掌握及搜集相關之法令規定？

◆ 品質政策及品質目標是否訂定？

　　◆ 如何確保組織所需之資源？

5.1.2　客戶導向

高階管理者如何確定客戶的要求？

◆ 客戶要求藉由何種方式，轉換成內部需求？

◆ 產品有關的責任(認證)，包括客戶和法規要求，是否已考慮？

　　◆ 符合提高顧客滿意的目標？

5.2 品質政策

是否確保適合組織的理念或方針？

◆ 品質目標是否與品質政策一致，包括符合要求及持續改善之承諾？

◆ 品質政策及目標，如何宣達至組織各層級瞭解？

　　◆ 品質政策，是否符合訂定品質目標評估的關聯？

　　◆ 如何確認品質政策持續的適切性？

5.3 組織角色、職責與權限

　　◆ 組織是否有完整之架構圖？

　　◆ 組織內之各部門權責有否明確訂定？

◆ 組織內各部門之溝通方式如何(如月會記錄)？

1. 溝通傳達品質政策爲何？

2. 品質政策制訂方向？

3. 高階管理者爲何原因指派職責與權限？

4. 品質目標如何與品質政策一致？

5. 管理者六大承諾爲何？

6. 品質政策與目標布達方式爲何？

Chapter **6**

規劃

第六章主要說明 ISO 9001：2015 品質管理系統之 6.1/6.2/6.3 之條款。針對風險和機會的應對措施、品質目標和達成規劃、變更規劃，提出公司應該如何確定、如何提供、如何維護這些資源的要求，同時也提出公司為了持續改善品質管理系統的有效性、滿足顧客要求、增強客戶滿意度，所必須提供所需的資源。以下為本章節研讀重點：

1. 風險和機會的應對措施。
2. 品質目標和達成規劃。
3. 變更規劃。

6-1　風險和機會的應對措施

∞ 條文內容 ∽

6.1　風險和機會的應對措施

6.1.1　規劃品質管理系統時，組織應考量 4.1 節中提到的議題，及 4.2 節中提到的要求，並決定需要因應的風險和機會，以便：

a) 保證品質管理系統能達到預期的結果；

b) 增加理想的結果

c) 防止或減少非期望的結果；

d) 完成改善。

6.1.2　組織應規劃：

a) 因應風險和機會的措施；

b) 如何：

　1) 將這些措施整合和納入品質管理系統(見 4.4)；

　2) 評估這些措施的有效性。

因應風險和機會所採取的措施，應與產品和服務的潛在符合性成正比。

註 1：應對風險和機會的選擇可能包含：規避風險、承擔風險以便追求機會、消除風險源、改變可能性或後果、分擔風險、或通過決策保留風險註 2：機會可能導致新實務的採納、新產品的開展、新市場的開發、新客戶的應對、夥伴關係的建立、新技術的運用和其他理想且可行的潛在發展以便應對組織及其客戶的要求。

∞ 條文解析 ∞

1. 規劃是建立品質管理系統運作過程而實現品質政策與品質目標的重要條件，主要包括**風險和機會的應對措施、品質目標和達成規劃、變更規劃**。本條款主要闡述規劃之確定、建立未來執行之依據。

2. 必須先根據公司的宗旨、產品的特點和公司規模確定所需要的規劃，亦需確定公司必須具備哪些**風險和機會**規劃，及哪些**變更**規劃必須被確認。

3. 確定組織之風險：
   (1) 世界上唯一不變的就是「變」，唯一確定的就是「不確定」。變與不確定可能造成風險(或機會)，風險如未適當管理，則可能帶來危機與災難。
   (2) 事前的「風險管理」重於事中的「危機處理」、與事後的「重建處理」。
   • 組織應採取風險管理以求生存發展。

4. 企業風險是指：
   (1) 由於企業內、外環境的不確定性。
   (2) 生產經營活動的複雜性和企業因能力的有限性，而導致企業的實際收益達不到預期收益，甚至導致企業生產經營活動失敗的可能性。

5. 企業風險的分類
   ➢ 按風險產生的原因不同，可以分為自然風險、人為風險、社會風險、國際動盪風險、政治風險、經濟風險、技術風險。
   ➢ 按風險的來源不同，可以分為外部風險和內部風險。
   ➢ 按風險的過程不同，可以分為製程風險和非製程風險。
   ➢ 按風險承受能力不同，可以分為可接受的風險和不可接受的風險。

6. ISO31010 風險管理－風險評鑑技術

   (1) 風險管理包括運用邏輯化與系統化的方法，用以：在整個營運過程期間進行溝通與諮商。

   (2) 風險管理分四大技術面，即風險鑑別、風險分析、風險評估及風險處理，與任何活動、過程、部門或產品有關的風險建立前後環節。

   (3) 監測與審查風險。

   (4) 適當地報告並記錄後果。

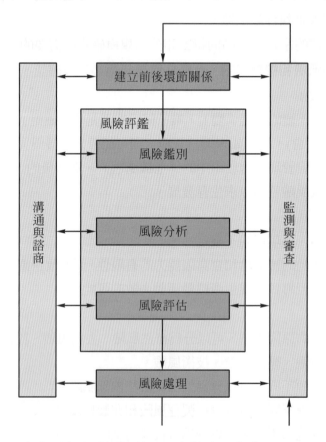

(取自研考會「風險管理及危機處理作業手冊」)

7. 風險管理

產品與服務風險評估在產品設計完成後(設計審查階段前)風險分析小組(跨功能小組)應依產品安全的問題於風險管理作鑑別各項發生產品危害之因子,並依風險等級判定產品接受程度,在產品量產客戶抱怨發生後,由風險分析小組以定量方式(如 FMEA,失效模式分析),依照客戶抱怨內容及類似產品之過去經驗對產品之安全特性進行鑑定。

(1) 風險評估,ISO9001 之風險常分為,製程風險與非製程風險兩類:

  ① 製程風險評估

    (a) 生產規劃,其風險為:圖面不確定性,交期太趕;

    (b) 採購,其風險為:漏單採購,無法如期交貨、供應商無法確認單價、供應商缺料;

    (c) 進料,其風險為:原料:成分不符、數量不符;

    (d) 委外製程,其風險為:委外回廠,尺寸與圖面不符、委外廠無法如期交貨;

    (e) 倉儲管理,其風險為:庫存數量不符產品、放置儲位不符。風險管理作鑑別各項發生產品危害之因子,並依風險等級判定。

  ② 非製程風險評估

    (a) 組織營運風險,其風險為:天災(地震、颱風、水災);

    (b) 法規法令風險,其風險為:職業安全衛生法、環境保護法;

    (c) 量測設備管理,其風險為:量測儀器故障率高;

    (d) 人事與教育訓練,其風險為:單位人員不足、教育訓練不落實;

    (e) 顧客需求,其風險為:無法如期交貨、成品不良、出貨數不足、客戶抱怨。風險管理作鑑別各項發生產品危害之因子,並依風險等級判定。

(2) 鑑別出可能的危險:

  ① 風險分析小組依照專業知識及過去類似產品已發生之可能危險,來鑑定出本產品(或系列)之可能危險。

  ② 在鑑定可能的危險時,對產品狀況的假設,須假設產品功能正常時,及功能失效時。

(3) 定性法風險分析(風險等級)：依據風險管理計畫(定性法)問卷內容並以風險評估工具內的等級作爲判定風險接受方式：

(a) H(高風險)：不可接受風險，必須暫停作業活動，或由管理者決定。

(b) M(中風險)：由相關人員會議討論規避方法，並須由總經理簽名後可接受。

(c) L(低風險)：須由主管或業務經理簽名後可接受。

(4) 定量法風險分析：(風險矩陣圖)

① 將上列鑑定出每項可能的危險，以風險評估規範表進行風險分析並評估其可接受性。

② 小組成員：依教育訓練管制程序訓練後且被授權參與執行風險評估任務的責任小組。

a. 風險優先數 RPN(Risk Priority Number)：嚴重度(S)、發生度(F)(頻率)的乘積。

(a) RPN=S×F　(如 S=1～5，F=1～5)

(b) RPN 在 8 以下代表風險分析結果是可接受的，爲低風險等級(L)。

(c) RPN 在 16 以上代表風險是不可接受的，爲高風險等級(H)。

(d) RPN 在 9～15 之間，其風險是否可接受，由評估小組成員討論其發生機率、可檢查出來的機率、對使用者的危害、及市場接受程度，再決定該項風險是否可被接受，爲中風險等級(M)。

▼ 表 6-1　風險評估工具

風險度=嚴重度 X 頻率		嚴重度(S)				
		低(1 分)	輕(2 分)	中(3 分)	高(4 分)	重(5 分)
頻率 (F)	很少發生(1 分)	1	2	3	4	5
	不常發生(2 分)	2	4	6	8	10
	偶而發生(3 分)	3	6	9	12	15
	陸續發生(4 分)	4	8	12	16	20
	經常發生(5 分)	5	10	15	20	25

依照風險評估工具進行下列之風險分析。

▼ 表6-2　風險等級的處理措施類別

項目	風險等級	風險度 (RSN) (R=F×S)	類別	描述
H	高風險	16～25	Avoid Risk 風險迴避	必須迴避，暫停該活動
M	中風險	9～15	Eliminate Risk 風險消除/降低	消除/降低風險源/研議討論
			Share Risk 風險轉移	將所需承擔之風險轉嫁(他處)
L	低風險	1～8	Retain Risk 風險接受	根據主管的決定接受風險

8. 風險評估，可使用職安法源，如，職業安全衛生法第 5 條(風險評估)、職業安全衛生法第 15 條(製程安全評估)及職業安全衛生法第 23 條(職業安全衛生管理系統)。

第 5 條

機械、設備、器具、原料、材料等物件之設計、製造或輸入者及工程之設計或施工者，應於設計、製造、輸入或施工規劃階段實施風險評估，致力防止此等物件於使用或工程施工時，發生職業災害。

第 5 條

(1)有下列情事之一之工作場所，事業單位應依中央主管機關規定之期限，定期實施製程安全評估，並製作製程安全評估報告及採取必要之預防措施；製程修改時，亦同：

一、從事石油裂解之石化工業。

二、從事製造、處置或使用危害性之化學品數量達中央主管機關規定量以上。

(2)前項製程安全評估報告，事業單位應報請勞動檢查機構備查。

(3)前二項危害性之化學品數量、製程安全評估方法、評估報告內容要項、報請備查之期限、項目、方式及其他應遵行事項之辦法，由中央主管機關定之。

第 23 條

(1)雇主應依其事業單位之規模、性質，訂定職業安全衛生管理計畫；並設置安全衛生組織、人員，實施安全衛生管理及自動檢查。

(2)前項之事業單位達一定規模以上或有第十五條第一項所定之工作場所者，應建置職業安全衛生管理系統。

(3)中央主管機關對前項職業安全衛生管理系統得實施訪查，其管理績效良好並經認可者，得公開表揚之。

(4)前三項之事業單位規模、性質、安全衛生組織、人員、管理、自動檢查、職業安全衛生管理系統建置、績效認可、表揚及其他應遵行事項之辦法，由中央主管機關定之。

範例(如表 6-3)：

風險評估-製程風險							
作業流程	存在的風險與可能造成後果	評估風險			風險等級	現有機制/應對措施	機會
		嚴重度(1~5)	可能性(1~5)	風險度			
生產規劃	客戶不確定性，訂單一直更改，無法確認	3	4	12	M	落實會議處理	
	生管簽訂出貨日，交期太趕	2	4	8	L	客戶服務管理程序	
業務	業務/客戶，下單交期太趕	4	2	8	L	客戶服務管理程序	
	客訴處理不當	4	3	12	M	落實會議處理	增加客戶認同
採購	漏單採購，無法如期交貨	5	1	5	L	採購管理程序	
	供應商無法確認單價	3	2	6	L	採購管理程序	
	供應商缺料	4	1	4	L	採購管理程序	
倉儲管理	庫存數量不符	4	1	4	L	生產服務供應管理程序	
	產品放置儲位不符	2	3	6	L	生產服務供應管理程序	
	包材：受損/尺寸錯誤/數量不符	4	2	8	L	生產服務供應管理程序	
進料	原料成分不符	4	1	4	L	產品檢驗管理程序	
	數量、尺寸不符	2	4	8	L	產品檢驗管理程序	
製造	良品和不良品混淆	2	3	6	L	生產服務供應管理程序	
	製造數量錯誤	4	2	8	L	生產服務供應管理程序	
	製造尺寸與圖面不符	2	3	6	L	生產規劃管理程序	
	製造人員技術不足	2	4	8	L	生產規劃管理程序	
品保	不良率高	3	2	6	L	產品檢驗管理程序	
	重工	4	2	8	L	矯正措施管理程序	
	退貨	5	2	10	M	落實會議處理	

6-2 品質目標和達成規劃

> ## 6.2 品質目標和達成規劃
>
> 6.2.1 組織應在品質管理系統所需的相關功能、層級和過程建立品質目標。
>
> 品質目標應：
>
> a) 與品質政策一致，
>
> b) 是可衡量的；
>
> c) 考量適用的要求；
>
> d) 與產品和服務符合性及提升客戶滿意度相關；
>
> e) 受監控；
>
> f) 被溝通傳達；
>
> g) 適時更新。
>
> 組織應維護品質目標的文件化資訊。
>
> 6.2.2 當規劃如何實現品質目標時，組織應確定：
>
> a) 應該做什麼；
>
> b) 需要什麼資源；
>
> c) 由誰負責；
>
> d) 何時完成；
>
> e) 如何評估結果。

৵ 條文解析 ৎ

　　品質目標是品質管理一部份。品質目標是企業實現客戶要求以及客戶滿意的具體表現，也是評估品質管理系統有效性運作之重要判定指標。本條款規定品質目標之要求。

2. 品質目標之內容應：

(1) 建立在品質政策的基礎上，其內容方面需在滿足要求、持續改善品質管理系統有效性的承諾方面與品質政策一致。

(2) 滿足產品要求所具備之內容之內容。若企業所提出的品質目標無法滿足產品要求之內容，則企業在符合客戶要求以及客戶滿意度方面之目標就無法實現。

3. 品質目標之其他要求

(1) 最高管理階層應確保品質目標在企業相關職能與階層得到建立，至於哪些職能與階層需訂定目標，目標需分解到哪一個層次，則需視狀況在品質政策的架構下決定。

(2) 為了使品質目標得以實現，品質目標必須是可量測的，且需品質與政策要求一致。

4. 目標管理(Management By Objective)

目標管理簡稱 MBO，是由美國管理大師彼得-杜拉克所提出。主要定義在於凡事先設定目標，然後利用目標來管理，其最後的結果，不管達成率高或低，必須訂有目標。

5. 品質目標制定原理

品質目標制定原理為 SMART，即具體的(S，Specific)，可衡量的(M，Measurable)，可達成的(A，Achievable)，相關連的(R，Related)，時效性(T，Timeliness)，如圖 6-1 所示。

▲ 圖 6-1

範例說明

最高管理階層應共同制訂適合企業的品質政策與品質目標。品質政策應該依據公司短、中、長期的策略與方向制訂政策；而品質目標則需要能夠具體且能夠用量化，這樣量化的數據是較客觀且科學的方法，也因此才能夠達到持續量測與監控的目的。(如圖 6-2、表 6-4)

品質目標

產品製程不良率
每月 0.5% 以下

▲ 圖 6-2 品質目標範例

▼ 表 6-4 目標管理表

目標管理表							
_____年經營目標			中長期目標(未來三年)				
項目　　　　目標	上年度	2023	2024	2025	2026	計算公式	
年產量							
營業額(元/年)							
人平均產量(元/年)							
品保部 進料合格品比率						抽檢合格數/抽樣數	
品保部 生產過程不良率						生產抽檢不良數/抽檢數	
品保部 巡檢不良率						不良數/抽樣數	
品保部 成品合格率						不良數/抽樣數	
倉管部 交貨達成率						實際出貨量	
倉管部 庫存周轉率							
倉管部 物料短缺率						短缺種類/抽樣種類	
倉管部 盤點達成率						實際完成量/計畫數量	
人事行政部 出勤率							
人事行政部 人員變動率						當月離職人數/當月月中總人數	
人事行政部 預算執行率						非生產人員數/公司總人數	
人事行政部 資料發放錯誤率						當月錯發數/當月總發出數	
人事行政部 訓練計畫達成率							
人事行政部 訓練合格率							
業務部 業績達成率						月實際績效	
業務部 客戶滿意度						平均得分數/總滿分數≧85 分	
業務部 客戶抱怨						每月不超過 3 次	
研發部 研發提案達成率						要求完成提案數/每月	
研發部 研發成案達成率						要求完成提案數/每月	
生產部 機器設備使用率						當月安裝總數	
生產部 生產效率						總生產工時/總標準工時	
生產部 物料耗損率						計畫領料數/實際領料數	

6-3 變更規劃

> ### 6.3 變更規劃
>
> 當組織確定需要變更品質管理系統時，該變更應有計畫地進行(參 4.4)。
>
> 組織應考量：
>
> a) 變更的目的，及其任何潛在後果；
>
> b) 品質管理系統的完整性；
>
> c) 資源的可得性；
>
> d) 職責和權限的分配與重新分配。

條文解析 ଓ

1. 績效評估變更

   (a) 條文 4.4.1 品質管理系統及其過程 c)過程的準則…及相關的績效評估和管制。g)評估過程和任何需要的變更….

   (b) 條文 9.1.3 分析與評估資料與評估的結果應被用於 a~g…列為管理審查會議的輸入項目

2. 管理系統變更：

   條文 5.3 組織的角色，職責和權限 e)當品質管理系統規畫與施變更時，必須確保維持品質管理系統的完整性。

3. 風險與機會變更：

   條文 6.3 變更的規劃：變更應有計畫地進行。

4. 品質管理系統的規劃變更：

   條文 6.2 品質目標和實現規劃，6.2.2.e 對結果如何評估。

5. 產品或服務的變更：

　　條文：

　　8.1 組織應控制計畫的變更

　　8.2.4 產品與服務要求的變更

　　8.3.6 設計和開發變更

　　8.5.6 變更管控

6. 不合格與矯正措施的變更：

　　條文：

　　10.2.1 當不符合發生時，包含顧客抱怨，組織應：

　　必要時，對品質管理系統做變更

6　規劃　　ᇬ　稽核重點　ᆼ

6.1　風險與機會相關行動

◆　組織有否針對產品有關風險評估，且依據展開？

◆　組織是否訂定風險等級？

◆　組織有否針對非製程有關風險評估，且依據展開？

　　◆　組織是否依背景、相關利害者之關係，作相關風險規範？

　　◆　組織最主要風險有哪些？

　　◆　組織使用哪些風險分析法(分析工具)？

　　◆　組織是否定期檢視風險與機會之有效性？

◆　風險評鑑基本問題

　　◆　可能發生何種情況及其理由(藉由風險鑑別)？

　　◆　後果為何？

　　◆　其將來發生的機率為何？

　　◆　是否有減輕風險後果或降低風險機率的任何因素？

　　◆　風險之等級可否容忍或接受？

　　◆　是否需進一步處理？

◆　風險評鑑架構

　　◆　背景體系包括環境要素、組成要素、風險管理之架構、風險評估之標準。

　　◆　包括辨認會發生什麼？如何、為何、何處、何時發生？

　　◆　包括找出事件發生的機率、風險之等級及其影響；須先確認既有控制機制，是既有機制下之機率等級及影響。

　　◆　指與風險基準比較，設定優先順序。

　　◆　針對風險對策及處理計畫，包括辨認可行對策、評估與選擇對策，以及執行處理計畫。

6.2　品質目標和達成規劃

◆　品質目標有否與品質政策一致，且依據展開？

◆　組織各層級和功能部門是否訂定品質目標？

◆　品質目標的訂定有否包含滿足產品要求？

- ◆ 品質目標是否定期檢討與修正？
- ◆ 未達目標是否提出矯正措施？
◆ 是否確保文件化的品質管理系統並進行規劃？
◆ 品質管理系統規劃變更有否於管制狀態下實施？
◆ 品質管理系統規劃有否包含品質系統的過程、所需之資源及持續改善？

6.3 變更規劃
◆ 為確保文件化的品質管理系統，並變更進行是否依文件資訊管理程序執行？
◆ 組織變更主要目的為何？
◆組織變更後，職責和權限的分配與重新分配為何？
◆變更管理規劃相關條文，有哪些已經處理？

▼ 表 6-5 『演練』風險與機會分析

風險評估-製程風險							
作業流程	存在的風險與可能造成後果	評估風險			風險等級	現有機制/應對措施	機會
		嚴重度(1~5)	可能性(1~5)	風險度			

日期：　　　　　　　　　姓名：

國際標準驗證
International Quality Management System

習 題

1. 決定需要因應的風險和機會，可以得到效益爲何？

2. 品質目標制訂原理爲何？

3. 如何規劃實現品質目標之要項？

4. 企業風險的分類依風險產生的原因不同，可以分爲？

5. 依 ISO31010 風險管理其風險評鑑技術爲何？

6. ISO9001 變更之條文有哪些？

7. 職業安全衛生法有關風險之條文有哪些？

Chapter **7**

支援

第七章主要說明 ISO 9001：2015 品質管理系統之 7.1~7.5 條款。產品支援過程是組織品質管理系統中，產品形成之後勤支援過程，是直接影響產品品質的重要過程。產品支援過程包括從產品資源、能力、認知、溝通、甚至文件資訊，提出公司應該如何確定、如何提供、如何維護這些資源的要求，之一系列過程。本章主要描述這一系列過程的品質管理系統要求。以下為本章節研讀重點：

1. 公司資源管理之類別。
2. 相關人員之教育、訓練、技能與經驗要求和規劃。
3. 基礎設施之定義與範圍，工作環境之定義與要求。
4. 監控和量測資源審查要點。
5. 組織知識之相關注意事項。
6. 組織認知與溝通之處理方式。
7. 品質管制系統和國際標準所要求的文件化資訊應進行管控。
8. 產品製作設備、儀器及量具之檢驗與校正。

7-1　資源

&ruby; 條文內容 &ruby;

> **7.1　資源**
>
> 7.1.1　概述
>
> 組織應確定並提供建立、實施、維護和持續改善品質管理系統所需的資源。
>
> 組織應考量：
>
> a) 現有內部資源的能力與限制；
>
> b) 哪些需要從外部獲得。
>
> 7.1.2　人員
>
> 組織應確定和提供有效實行其品質管理系統和操作及管控其過程的必需人員。

7.1.3 　基礎建設

　　　　為了實現產品與服務的符合性，組織應確定、提供和維護作業過
程所必需的基礎建設。

　　　註：基礎建設可能包含：

　　　　　a) 建築物和相關的設施；

　　　　　b) 設備，包含硬體和軟體；

　　　　　c) 運輸資源；

　　　　　d) 資訊和通訊技術。

7.1.4 　作業過程的環境

　　　　為了實現產品與服務的符合性，組織應確定、提供和維護作業過
程所必需的環境。

　　　註： 一個合適的環境可能是人為和物理因素的組合，例如：

　　　　　a) 社會 (例如 公平待遇、冷靜、非對抗環境)；

　　　　　b) 心理的(例如 減壓、預防精疲力竭、情緒防護)；

　　　　　c) 物理的(例如 溫度、熱度、濕度、人道、亮度、空氣流通、衛
生、噪音)。

　　　　這些因素可能依提供的產品與服務而大不相同。

7.1.5 　監控和量測資源

7.1.5.1 概述

　　　　監控與量測資源用來驗證產品與服務符合要求時，組織應確定並
提供確保有效及可靠的結果所需要的資源。

　　　　組織應確保提供的資源：

　　　　　a) 符合即將要進行之監控及量測措施的特殊類型。

　　　　　b) 被維護以持續符合目的。

　　　　組織應為監控及量測資源保存適當的文件化資訊做為合適的佐
證。

7.1.5.2 量測的可追溯性

當量測的可追溯性是一項要求或者被組織認定為提供有效量測結果信心的必需部分，量測儀器應：

a) 定期或於使用前對照國際或國家量測標準校驗或驗證或兩者皆執行。如果無上述標準，則應將驗證或校驗準則保存成文件化資訊；

b) 被識別以確定其狀況；

c) 做好防護，以避免因調整、損壞或老化導致校驗狀況及後續量測結果不具效力。

組織應確認當量測儀器不適用於預期目的時，先前量測結果的有效性是否受到不良影響，並且必要時應採取適當的行動。

7.1.6 組織知識

組織應決定作業過程及實現產品與服務的符合性所需的必要知識。

知識應予以維護，且在必要時可得。

當應對變更的需求和趨勢時，組織應考量現有的知識並決定如何獲取或存取必要的額外知識及需要的更新。

註 1：組織知識是組織內特定的知識；通常是由經驗中取得的。它是為達成組織目標所運用及共享的資訊。

註 2：組織知識可能是根據：

a) 內部來源(例如 智慧財產；經驗中取得的知識；失敗或成功的專案中汲取的教訓；獲取和分享未文件化的知識和經驗；過程、產品與服務改善的結果)；

b) 外部來源(例如 標準規範；學術界；會議；或從客戶或外部供應商收集的知識)。

條文解析

1. 資源是建立品質管理系統運作過程而實現品質政策與品質目標的重要條件，主要包括人力資源、基礎設施以及工作環境。本條款主要闡述資源管理的確定、建立與維護要求。

2. 必須先根據公司的宗旨、產品的特點和公司規模確定所需要的資源，亦需確定公司必須具備哪些資源，及哪些資源必須經由外部資源獲得。

3. 確定公司提供的資源主要用於：

   (1) 為實現與保持現有品質管理系統及持續改善品質管理系統之有效性。由於公司內、外部環境不斷變化，為達到持續改善品質管理系統之有效性，品質管理系統也會隨之變更，其過程就離不開資源的投入。

   (2) 資源的需求也來自於公司自身發展的需求。

   (3) 由於客戶與法規要求有可能變更，相對就會造成資源需求的變更，公司應及時調整並提供所需的資源，以滿足客戶要求，進而達到客戶滿意。

4. 基礎設施是公司實現產品符合性的保證。本條款闡明了基礎建設的範圍。

5. 對基礎設施的要求：為確保公司提供的產品能滿足產品要求，公司應確定符合這種要求所需要的基礎設施，並在提供這些基礎設施時，同時給予必要的設施保持與維護。

6. 基礎設施可包括(條文 7.1.3)：

   (1) 建築物、工作場所(如辦公與生產場所)和相關設施(如：給水、電力、空調等設施)。

   (2) 過程設備(如：產品製作過程、控制與測試設備)。

   (3) 支援服務(如：交貨後之維修活動、相關的運輸工具或通訊設備等)。

7. 工作環境是指執行工作時的狀態條件。必要的工作環境(如：污染防治人員安全性、5S 或生產現場之清潔管理等)是公司實現產品符合性的條件。

8. 對工作環境之要求(條文 7.1.4)：

   公司應對實現產品符合性所需的工作環境加以確定，並對工作環境與產品品質符合性有關的因素加以管理。

9. 工作環境是指執行工作時的狀態條件。這種條件可包含：

(1) 物理的因素(如：儀器設備的擺設符合人體工學，可減低職業傷害)。

(2) 社會的因素(如：工作場合的相互溝通狀況)。

(3) 心裡的因素(如：良好的工作氣氛，可提昇工作績效)。

(4) 環境的因素(如：溫度、濕度、空氣潔淨度、粉塵、噪音等)。

範例說明

設施與設備是企業重要的資產，企業必須對於公司內部所有相關設施執行有效的管理與維護，使設備不會因為維護不良而造成生產的停滯。企業在執行各項設施與設備的管理時，可以建立設施一覽表執行管理(如表 7-1)，此一覽表可以一目了然哪些設備具放置於何處？是否需作定期保養？保養方式為何？保養人員為何？必要時，甚至可以建立儀器設備保養卡以便執行維護管理，良好的維護保養方式，除了可以維護機器設備的壽命，甚至可以延長壽命，增加企業的利潤。

▼ 表 7-1 設備一覽表

設備一覽表							
NO.	設備編號	設備名稱	說明書編號	購入日期	檢驗者	放置處	廢棄日期/廢棄者
1	M1901	CNC 加工機	QW 1201	2023.6.1	Chang	製造部	－
2	M1902	堆高機	QW 1202	2023.6.1	Lee	倉儲部	
3							
4							
5							
6							
7							
8							
備註							

∞ 條文解析------7.1.5 **監控和量測資源**∞

1. 量測和監控儀器直接影響產品或過程量測監視結果的正確性,應予以控制以保持其量測能力與量測要求之一致性。

2. 量測設備:是指為實現量測過程所必須的量測儀器、軟體、測量標準、標準物質或其他輔助設備,最主要是能在量測過程中,確定量測數據的準確程度。

3. 控制範圍:企業應確定需要展開的量測與監控活動,並確保量測與監控活動的有效性,可利用適宜的量測與監控儀器裝置,包括企業內部設備設備、外包的量測與監控或顧客提供之量測設備等。同時要透過校正、維護、正確調整、妥善儲存等控制過程,確保量測的一致性與有效性。

4. 量測設備的控制要求:

    (1) 已有國際標準(ISO17025)驗證或我們國家量測標準(TAF)認可之儀器校正機構,應依據規定定期或在使用前對量測設備進行校正、檢定或驗證。若無國際或國家量測標準之量測設備,企業應根據量測設備使用之頻率、場合等自行建立校正或檢定規範,並實施檢驗或校正並予以記錄。

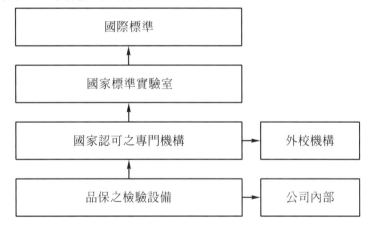

    (2) 必要時,某些量測設備在使用前可能需要進行調整或再調整,企業應採取措施防止在調整時偏離校正狀態,使量測結果失效。如:採取標示等防錯措施,由合格操作人員進行調整。

    (3) 必須能識別量測設備是否處於校正狀態,應於量測設備做適當的標示,標明設備的校正狀態。

    (4) 在搬運、維護和儲存期間應防止量測設備的損壞或失效。如:採取有效的防護措施、提供是當的儲存環境等。

5. 如發現量測設備不符合要求，如偏離校正狀態或損壞時，企業應對該設備以往的測量結果的有效性進行評價，並作出紀錄，採取必要的措施，如必要的校正、維修或報廢等。對於已確定量測結果有疑問產品進行審查，並根據審查結果執行必要的措施，例如：重新量測或對交付給顧客之產品做事當的處理。應保持量測設備的校正或驗證紀錄。

6. 使用於特定要求監控與量測的電腦軟體能力，應在初次使用前確認，並在必要時重新確認。確認的目的在於確認滿足預期必須用的能力，通常可參照功能測試的方式進行。

7. 量測儀器校正，分為五類，即，外校、遊校、內校、免校及比對。

8. 允差規範，組織必須建立校正儀器量規之允收標準，藉以確保其準確度，校正之器差值(實測值－標準值)，必須在允許誤差(±5%不確度)之內，即可判定為 OK，否則為 NG。允差規範之原理為十一法則，即，精度＝允許誤差/10，即精度為允許誤差的 1/10(10%=±5%)。

範例說明

企業需要管理所有的量測儀器，對於需要校驗的量測設備要執行管理計畫，例如採用設備年度校正計畫表，規劃所需要執行校正的設備有哪些？在何時執行校正？以便於公司能有效的管理校驗設備，確保產品持續的符合性(如表7-2)。

▼ 表 7-2　量測儀器年度校正計畫表

量測儀器年度校正計畫表														
年度			計畫日期											
儀器編號	儀器名稱	校驗類別	年度校正計畫(月份)											
			1	2	3	4	5	6	7	8	9	10	11	12
製表			審核				核准							

範例說明

任何委外校驗的紀錄，由委外校驗單位所提供，必須確認相關的校正紀錄是否能過追溯至國家標準。而企業內部自行校正的儀器或設備，則需填寫校正紀錄，相關的檢驗報告或紀錄也必須留存(如表 7-3)。

使用於特定要求監控與量測的電腦軟體能力，應在初次使用前確認，並在必要時重新確認。確認的目的在於確認滿足預期必須用的能力，通常可參照功能測試的方式進行。

▼ 表 7-3 校驗紀錄表

校驗紀錄表					
儀器編號		使 用 單 位			
校正週期		標 準 器			
精度					
允差					
校正人員		審 核			
校 驗 紀 錄					
校正日期		校正日期			
下次校正日期		下次校正日期			
校正時溫度/濕度		校正時溫度 / 濕度			
標準值	實測值	器差值	標準值	實測值	器差值
判定結果	□ 合格 □ 不合格		判定結果	□ 合格 □ 不合格	
校 正 者			校 正 者		
核准			核准		

範例說明

校驗合格的設備需要有鑑別標示，一般最常用的就是在校驗設備上貼上校驗合格的標籤並註明效期(如表7-4)。

▼ 表7-4　校驗合格標籤

校驗合格標籤	
設備編號	
檢驗日期	
有效日期	
核准者	

∞ 條文解析------7.1.6 組織知識 ∞

最近各界注重知識管理的原因：知識管理提供許多解決疑難雜症的良方知識管理是因應企業變革的最佳策略

1. 「組織知識」的定義，乃組織文件資料經過處理分析後成為資訊，資訊經過吸收後則變成為知識。文件資料賦予相對效益後成為資訊，資訊整合後就為知識。如人力資源發展與管理、知識的組織與應用以及使用知識的機會與障礙排除等均有其正面影響。

2. 一般執行組織之知識管理六大構面為：
   (1) 確認組織知識管理的願景目標(政策與目標面)
   (2) 依據組織業務建立單一或多重之結構(文件知識內涵面)
   (3) 建立組織內部知識創新的誘因、方便知識分享的機制(過程管理面)
   (4) 確認組織中所需要的關鍵知識專案(組織結構與文化面)
   (5) 關鍵知識與關鍵知識者的確立(學習與人力資源分享面)
   (6) 配合組織架構，建立可搭配的資訊系統機制，進行資訊管控流程(文件資訊管理面)

7-2 能力

> ### 7.2 能力
>
> 組織應：
>
> a) 決定在其管控下從事影響品質管理系統績效和效益工作之人員的必要能力；
>
> b) 確保人員在適當的教育、訓練及經驗基礎下，是能勝任工作的；
>
> c) 適用時，採取行動以獲取必要的能力，並評估這些行動的效益；
>
> d) 保存適當的文件化資訊做為能力的佐證。
>
> 註：適用的行動可能包含，例如，對現有人員提供培訓、輔導、重新分配任務或招聘具備能力的人員。

∞ 條文解析 ∞

規定對於從事影響產品品質工作的人員其能力之要求。

1. 對人員能力之要求：

   公司應根據品質管理系統對各個工作崗位、品質活動及相關職務人員之能力要求，去選擇能夠勝任的人員從事該項工作。

2. 人員能力之判定依據：

   可以根據人員受教育程度、接受訓練、工作技能與相關工作經驗等方面，來評定人員是否能從事該項工作。

3. 透過訓練和其他措施來提高員工的能力，並增強品質概念與客戶導向的意識，以符合品質管理系統對人員能力的要求。

4. 教育訓練之文件必須包含五大項，即，教材、合格講師、簽到、考核及相片等。

5. 教育訓練可以依 PDDRO(Plan-Design-Do-Review-Output)之流程，作為訓練之架構。

範例說明

企業必須先鑑定各職能人員所需要具備的資格條件，其中包括教育、訓練、技能與經驗四大面項，企業必須根據這四大面項評估員工是否需要執行相關訓練，例如生產製程的操作人員必須對機器設備有一定程度的瞭解，也必須熟練機器設備的操作，企業在規劃新進操作人員訓練時，除了共通性的訓練課程，例如公司簡介或環境介紹，另外，就必須針對職務需求，規劃相關的訓練課程。企業必需將人員所接受過的接受教育訓練執行記錄，一般登錄在人員的個別訓練紀錄中，除了可以清楚的知道哪些人員曾經接受過哪些訓練，是不是能夠滿足職務需求外，也可以作為日後人員教育訓練的參考，如表 7-5、表 7-6。

▼ 表 7-5　員工資格認定表

職稱	教育	訓練	技能	經驗
實驗室校驗人員	大專以上	公司產品介紹、品保檢驗，儀器校驗	實驗室設備操作、實驗室設備內校、製程檢驗、實驗室標準與相關法規。	兩年以上相關工作經驗，或一年工作經驗經公司訓練合格
製造部經理	大專以上	公司產品介紹、製程能力分析、先期產品規劃、風險分析。	設計開發、電腦繪圖、機構設計與統計分析能力(SPC)	兩年以上相關工作經驗，或一年工作經驗經公司訓練合格
製造部專員	高中以上	公司產品介紹、機器設備操作	電腦繪圖與機構設計能力	一年以上相關工作經驗，或經或經公司訓練合格
內部稽核員	高中以上	公司產品介紹、內稽訓練。	熟悉品質系統運作與實際稽核能力	一年以上相關工作經驗，或經或經公司訓練合格

▼ 表 7-6　員工教育訓練紀錄表

員工教育訓練紀錄表						
姓名		入廠日期	年　月　日		性別	□男　□女
訓　練　記　錄						
日期	課程名稱		訓練單位	時數	證照	登錄人員
					□有□無	
					□有□無	
					□有□無	
					□有□無	
					□有□無	
					□有□無	
					□有□無	
					□有□無	

7-3　認知

∞ 條文內容 ∞

7.3　認知

組織應確保在組織管控下工作的人員意識到：

a) 品質政策；

b) 相關的品質目標；

c) 他們對品質管理系統有效性的貢獻，包括改進品質績效的益處；

d) 不符合品質管理系統要求的可能後果；

∞ 條文解析 ∞

組織必須確認對政策及目標，全員皆知，對於不符合品質管理系統(QMS)要求的可能後果，有所了解。

國際標準驗證
International Quality Management System

7-4   溝通

> **7.4 溝通**
>
> 組織應確定與品質管理系統相關的內部和外部溝通，包括：
>
> a) 溝通的內容；
>
> b) 溝通的時機；
>
> c) 溝通的對象；
>
> d) 如何溝通；
>
> e) 由誰溝通。

෧ 條文解析 ෨

1. 與顧客進行有效的溝通，能充分與準確瞭解客戶要求，確保在產品提供之前、提供之中與提供之後，與顧客進行溝通，並實現客戶要求。

2. 溝通對象：

   顧客指接受產品的企業與個人，如消費者、委託人、最終使用者、零售商、經銷商、採購商等。企業應確保與這些顧客進行有效的溝通。

3. 企業應針對顧客、產品類型及自身的特點，採用適當有效的方法，與顧客進行溝通。

   (1) 產品訊息方面，如：產品廣告、宣傳單、目錄、型錄等。

   (2) 顧客的詢問、合約或訂單處理，對合約或訂單修改的有關事項。

   (3) 提供產品後，客戶回饋之訊息，包括顧客抱怨、投訴與意見。

4. 溝通可以促進企業內各職能與階層間訊息的傳達與交流，以增進及提高對品質管理系統運作有效性的理解。

5. 建立溝通過程：組織最高管理階層應建立適當方式進行內部溝通，溝通的方式是多樣化的涉及溝通的方式、時機、內容、部門與人數等，例如會議、部門簡報、小組討論、佈告欄、內部刊物、電子郵件、公告等。

6. 確保溝通的有效性：溝通過程的建立是否適切，必須以是否能促進品質管理系統的有效性作為判定之依據。如果內部溝通方式無法提升有效性，企業就應該改進內部溝通方式和過程。

範例說明

在顧客溝通方面，最傳統的方式是由業務人員面對面接觸顧客蒐集資訊而來，還有就是透過問卷調查的方式，蒐集顧客的滿意度狀況，在民生消費物品上，最常用的就是消費者試用洗髮精、洗衣粉或大賣場的試吃等。另外，有些企業也有所謂的 0800 免付費電話，針對顧客在產品使用後的任何問題予以回饋；企業也可以利用網路普及化的優勢，開闢網路 Q&A 的專區，針對消費者的任何問題予以回覆，這些都是很好的顧客資訊收集以及獲得使用者意見的方式，也能夠讓企業所生產的產品更貼近使用者的需求。

範例說明

企業應該積極的和員工進行溝通，同時應該鼓勵員工積極的給予訊息的回饋，以作為企業營運績效改善的手段，可以利用一些方法，例如透過各類會議討論方式，或是企業的電子郵件、信箱、網站等，或者可以使用公告欄、員工意見信箱、問卷調查、個別會談等方式收集員工意見。在日常作業中，如果沒辦法常常透過開會討論的方式，可以利用內部聯絡單的方式如表 7-7，將所需要溝通的項目或部門以書面方式進行溝通。

▼ 表 7-7　內部連絡單

內部連絡單				
□ 指示、□ 通知、□ 協調、□ 請示、□ 報告、□ 洽辦				
申請單位		日期	年　　月　　日	
聯絡單位	□ 業務部□ 研發部□ 生產部□ 管理部			
主旨				
□ 簽發完成後請發回申請單位　　　　　　　□ 不需回申請單位				
詳細說明：				
相關部門意見：				
申請人	單位主管	相關部門簽章	總經理批示	

7-5　文件化資訊

🔊 條文內容 ☘

7.5　文件化資訊

7.5.1　概述

組織的品質管理系統應包括：

a) 國際標準所要求的文件化資訊；

b) 組織認定對品質管理系統的效益有必要的文件化資訊。

註：不同組織的品質管理系統文件化資訊，程度上因下列因素而不同：

- 組織規模與其活動、過程及產品與服務的類型；

- 過程及其相互作用的複雜性；

- 人員的能力。

7.5.2　創建與更新

在創建與更新文件化資訊時，組織應確保適當的：

a) 標識和描述(例如：標題、日期、作者、索引編號)

b) 形式(例如：語言、軟體版本、圖示)和媒介(例如：紙本或電子格式)

審查和核准以確保適宜性和充分性

7.5.3　文件化資訊管控

7.5.3.1 品質管控系統和國際標準所要求的文件化資訊應進行管控，以確保：

a) 無論任何時候及地點，只要有需求，都可以取得且適用；

b) 文件受到充分保護，如防止洩密、不當使用或缺損。

7.5.3.2 組織應在適用時因應下列活動管控資訊化文件：

a) 分發、使用權限、回收及使用；

b) 存放及保持，包含易讀性之保持；

c) 變更的管控(如：版本更新管控)；

d) 保存和處置。

組織決定品質管理系統計畫和作業所需的外來文件化資訊，應被適當的識別和管控。

留存符合性證明的文件化資訊，應受保護以避非預期更動。

註："使用權力"指僅允許查閱資訊化文件，或許可與授權查閱和變更文件的決定。

❧ 條文解析 ☙

1. 文件化資訊－作爲與其它管理系統標準朝向一致性的一部分，一項通用之條文「文件化資訊」被延續使用且無重大變更或增加內容(參考條文 7.5 文件化資訊)。適宜時，本國際標準的其他內容也遵照此一要求。因此，「文件化資訊」運用於所有文件要求。

2. 在 ISO 9001：2008 國際標準中，使用如「文件」或「文件程序」、「品質手冊」或「品質計畫」，本新版國際標準明確指出「維持文件化資訊」的要求。(意思就是要寫文件)

3. 在 ISO 9001：2008 國際標準中，使用「紀錄」表示需提供符合要求的證明文件 ，現在則以「保存文件化資訊」的要求來呈現。決定什麼文件化資訊需要必保存、保存的期限以及保存文件所使用的媒介。 (意思就是要留下執行的證據)

4. －「維持」文件化資訊的要求並不排除組織可能也需要爲特定目的「保存」相同文件化資訊的責任，例如保存前一版的文件化資訊。

5. 當本國際標準提及「資訊」而非「文件化資訊」(例如條文 4.1，『組織須監控和審查關於這些外部及內部議題的資訊』)，表示並不要求此資訊被文件化。在此類情況下，組織可以決定是否是必要或合適維持文件化資訊。

6. 一般文件可分爲好幾個階層，其結構可以金字塔形描繪。可爲 4 個階層(MPWR 手冊、程序書、工作指導書、紀錄)，也可以 3 個階層。

7. 程序書(QP)及指導說明書(QW)寫作要領。

　　(1) 目的

　　(2) 適用範圍

　　(3) 權責

　　(4) 定義

　　(5) 作業程序要點

　　(6) 參考文件

　　(7) 相關表單

　　(8) 附件(如流程圖)

8. 編碼方式

　　文件編號：CHWA 為公司代號

　　(a) 第一碼：QM 代表品質手冊、QP 代表程序書、QW 代表作業標準書、QR 代表表單記錄、**QO 代表外來文件**

　　(b) 第二碼：代表 ISO 條文代號。

　　(c) 第三碼：代表版次(參見右圖)。

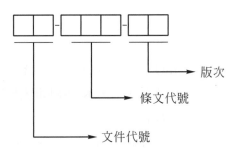

　　　範例：

CHWA - QP - 912 - A

　　　　　　　公司代號

　　(d) QR 代表表單、第二碼代表對應程序書編號，第三碼代表表單流水編號，第四碼代表版次。

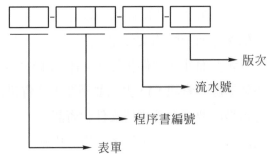

　　　範例：QR-912-03-B

範例說明

品質管理系統的文件影響企業的運作，企業在規劃品質系統文件時，需要考量到如何進行，一般文件可分為好幾個階層，其結構可以金字塔形描繪。以圖 7-2 為例，將文件分為 4 個階層，最高指導原則為品質手冊、其下為程序書、工作指導書，最後才是表單等紀錄。企業可以根據公司內部文件的種類、重要性、複雜度等規劃品質文件的層級，企業型態較簡單，企業規模小者，其文件階層可能只有三或四階；若是企業型態複雜，組織規模龐大者，甚至有五、六階文件，如何設計最為適中，需在企業在品質管理系統規劃時就應予考量。

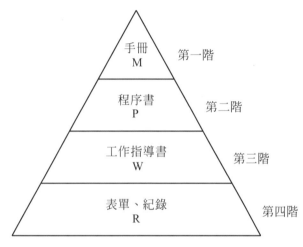

▲ 圖 7-2　品質系統文件架構圖

1. 文件化要求：公司可應將 ISO 9001 國際標準的特殊要求、程序、活動或特別安排之事項文件化，並實施且維持，文件化的形式可利用書面、電子、磁碟、光碟、照片、圖檔、或其他方式呈現。

2. 品質管理系統的文件化內容：建立適合公司運作之文件，當公司規模小、活動型態單純、複雜程度低、人員能力強時，可以靈活的將不必要之過程簡化，縮短流程往返的時間，提昇整體效率。

範例說明

企業需要設計一套適合公司運作的文件管制流程，文件管制流程與其他相關作業流程在分發前需得到高階管理者的審核，一般在發行時會以管制表的方式確認發行到哪些單位，以便控管所有品質文件(如表7-8)。

表7-8　文件發行管制表

文件總覽表

■品質手冊　　■程序書　　□指導書　　□表單　　□外來文件

編號	文件名稱	版本	制訂單位	發行日期
CHWA-QM-01	品質手冊	A	管理部	
CHWA-QP610	組織背景與風險分析管理程序	A	管理部	
CHWA-QP-713	設備保養與維護管理程序	A	管理部	
CHWA-QP-715	儀器校正管理程序	A	管理部	
CHWA-QP-720	知識與能力管理程序	A	生產部	
CHWA-QP-750	文件資訊管理程序	A	生產部	
CHWA-QP-810	生產規劃管理程序	A	業務部	
CHWA-QP-820	客戶服務管理程序	A	採購部	
CHWA-QP-840	採購與供應商管理程序	A	採購部	
CHWA-QP-843	委外加工作業管理程序	A	品保部	
CHWA-QP-860	產品檢驗放行管理程序	A	業務部	
CHWA-QP-870	不合格品管制程序	A	管理部	
CHWA-QP-912	客戶滿意度管理程序	A	品保部	
CHWA-QP-920	內部稽核管理程序	A	品保部	
CHWA-QP-930	管理審查管理程序	A	管理部	
CHWA-QP-1020	矯正措施管理程序風險	A	管理部	

表單編號:QR750-01-A　　　　　製表人:　　　　　　　主管:

範例說明

當文件有新制訂或修訂時，需經過核准單位的審核，相關修訂與審核的紀錄也需保存。(如表 7-9)

(1) 公司能辨別所有文件修訂狀態，且可採用文件總覽表或修訂一覽表實施管制。

(2) 公司應確保在工作場合能取得工作所需之相關版本文件。

(3) 文件必須清晰易於識別，如對文件編號或版本之識別。

(4) 公司能識別與產品有關之外來文件，包含：與產品有關之法規、客戶提供之圖面、產品標準等，需管控與確保使用適當的外來文件。

▼ 表 7-9　文件制修訂紀錄表

文件制修訂紀錄表												
修訂日期	文件名稱(原文件編號版次)	修訂分類		新文件編號版次	制訂/修訂內容	審核單位						備註
						業務部	製造部	設計部	品保部	採購部	行政部	
		☐ 修訂 ☐ 制定 ☐ 廢止	☐ 手冊 ☐ 程序 ☐ 辦法 ☐ 表單									
		☐ 修訂 ☐ 制定 ☐ 廢止	☐ 手冊 ☐ 程序 ☐ 辦法 ☐ 表單									
		☐ 修訂 ☐ 制定 ☐ 廢止	☐ 手冊 ☐ 程序 ☐ 辦法 ☐ 表單									
〜〜〜	〜〜〜	〜〜〜	〜〜〜	〜〜〜	〜〜〜	〜〜〜	〜〜〜	〜〜〜	〜〜〜	〜〜〜	〜〜〜	〜〜〜
		☐ 修訂 ☐ 制定 ☐ 廢止	☐ 手冊 ☐ 程序 ☐ 辦法 ☐ 表單									
		☐ 修訂 ☐ 制定 ☐ 廢止	☐ 手冊 ☐ 程序 ☐ 辦法 ☐ 表單									
製訂				核准								

範例說明

除了公司內部文件需要管控外，外部的文件亦需要管理。當客戶提供或是從其他外部單位而來的文件，例如儀器操作手冊、採購規格書、法規、標準、製程相關書籍等等，並非來自公司內部的文件，而這些文件又很重要，缺少這些文件可能會影響到產品的生產的運作，所以必須適當的加以登錄與管理。(如表 7-10)

▼ 表 7-10 外部文件一覽表

外部文件一覽表							
文件編號	文件 名稱	發行 日期	改版 日期	廢止 日期	管理 人員	出版 單位	確認
CHWA-QO01	ISO 9001：2015	2015 年版				國際標準組織	
CHWA-QO02	IATF 16949：2016	2016 年版				國際標準組織	
CHWA-QO03	ISO 13485：2016	2016 年版				國際標準組織	
CHWA-QO04	JIS B 8354：1992 複動油壓指南	2010				財團法人	
CHWA-QO05	JIS Z 3801：1997 手溶接技術檢定試 驗方法及判定基準	2016				日本規格協會	
CHWA-QO06	Manual Book of ASTM Standards	2010				美國材料與測試 協會	
CHWA-QO07	醫療器材管理須知	2012/03				中華民國行政院 衛生署	
CHWA-QO08	金屬材料對照手冊	2017/10				全華圖書	
管理部				品保部			

範例說明

對於公司能提供相關產品數據、公司內部作業、客戶滿意等相關紀錄，需確實做詳細之紀錄。對於品質相關紀錄的管理其內容如圖 7-3 所示，品質紀錄一般來說會以總覽表的方式列出需要管制文件資訊以及保存年限等，以便於公司管控相關的品質紀錄。(如表 7-11)。

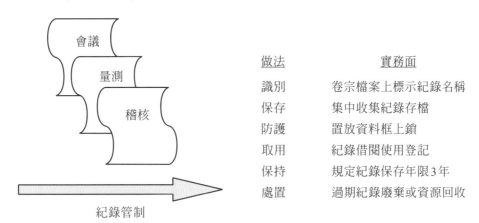

做法	實務面
識別	卷宗檔案上標示紀錄名稱
保存	集中收集紀錄存檔
防護	置放資料框上鎖
取用	紀錄借閱使用登記
保持	規定紀錄保存年限 3 年
處置	過期紀錄廢棄或資源回收

▲ 圖 7-3　品質文件資訊紀錄管制內容

▼ 表 7-11　品質紀錄一覽表

品質紀錄－覽表					
編號	品質紀錄名稱	保存單位	保存年限	(版次)	備註
製表			核准		

7　支援　　∞ 稽核重點 ∞

7.1 資源

7.1.1　概述

◆　組織如何明確各項資源的需求？

◆　管理審查輸出是否包括管理系統、過程、產品的改善？

◆　組織如何在建立、維持及改善品質管理系統及符合客戶滿意的過程中提供必要的資源？

7.1.2　人員

◆　組織中負有<u>產品符合要求</u>的執行工作人員是否具有勝任工作的能力，包括學歷、專業技能和經驗？

　　◆　指派人員之規定是否明確訂定？

　　◆　組織人員之升遷管道，如何建立？

　　◆　法規人員之資格認定如何？

7.1.3　基礎建設

◆　是否提供及維護達成產品符合性，所需的設備總覽表？

◆　是否對設施(設備)訂定維護計畫及執行(設備履歷表之內容是否隨時登錄)？

◆　設備之執行是否落實(保養卡是否在現場執行)？

◆　支援性服務(如交通運輸、通訊或資訊系統)，組織是否規劃？

7.1.4　作業過程的環境

　　◆　如何決定及管理為達成產品要求所需的工作環境及作業環境？

　　◆　作業環境之執行情況如何？

　　◆　 工作環境 5S 之執行狀況如何？

7.1.5　監控和量測資源

◆　是否確定量測和監控活動及能力要求？這些要求是否與產品品質特性指標要求相一致？

◆　量測和監控活動所需之儀器是否已識別(量測儀器一覽表之建立)？

- 量測和監控儀器進行管制的必要條件 是否已具備？(場所、環境、標準器、準則、人員及有效文件)
- 使用儀器是否經校正？結果是否符合產品可接收性之允收標準？
  - 是否規定校正週期或使用前校正？是否考慮使用頻率及相應法規要求？
  - 必要量測和監控裝置的技術文件是否搜集保存？
- 校正人員、使用人員是否瞭解其工作要點和技術要求？是否進行訓練或資格確認？
- 是否訂定儀器狀況識別(合格、准用、限用、禁用、報廢)？是否能防止誤用？
- 校正環境條件是否訂定？儀器維護是否適當？檢修是否有記錄？修理後是否再校正？
- 若校正結果不符合或超出校正週期，是否對其進行評估？是否採取適當的矯正措施？
- 外校檢驗機構之合格，是否確認？

7.1.6 組織知識
- 組織知識根據內部資源有哪些？
- 組織知識根據外部資源有哪些？
  - 執行組織知識管理，有哪六大構面？
  - 組織知識之經驗傳承是否規劃教育訓練？
  - 文件管理與知識管理之差異爲何？

7.2 能力
- 組織中負有產品符合要求的人員所需之能力，包括教育、訓練、技能、經驗是否明確訂定？
- 是否有適時的提供訓練計畫且實施以取得必要能力？
- 如何評估訓練的有效性(文件需包括哪五項)？
- 員工是否瞭解其工作對實踐品質目標的貢獻？
- 各項員工教育、訓練、技能及經驗傳承是否保存記錄？

7.4 溝通

◆ 確保各層級各部門之間工作溝通，有否建立明確的文件規定？

    ◆ 溝通管道及方式(如每月月會)是否明確？

    ◆ 溝通之執行記錄是否完整？

◆ 品質管理系統過程及其有效性是在各層級部門進行溝通？

7.5 文件化資訊

◆ 是否建立文件管制程序書一覽表？

◆ 所有管制文件是否已進行管制作業？

◆ 管制作業是否符合管制程序規定？

◆ 是否依 ISO 9001 標準建立應有之文件？

    ◆ 文件分發、變更、修訂及報廢是否有完整之規定？

◆ 文件識別如何規定？

    ◆ 外來文件是否列入管制？

    ◆◆ 是否依標準建立品質文件記錄識別、儲存、索引、保護保存及處置等各項要求之程序？

    ◆◆ 品質管理系統所要求的品質記錄(第四階文件)是否已備齊？

    ◆◆ 各種文件記錄之保存期限是否明確訂定？

國際標準驗證
International Quality Management System

習 題

1. 組織應在適用時因應下列活動管控資訊化文件包括哪些？
2. 在創建與更新文件化資訊時，組織應標識和描述包括哪些？
3. 在創建與更新文件化資訊時，組織之形式和媒介包括哪些？
4. 組織應確定與品質管理系統相關的內部和外部溝通，包括哪些？
5. 基礎設施應包括哪些？
6. 一般執行組織之知識管理六大構面為何？
7. 請說明儀器校驗系統之要求。

Chapter **8**

營運

第八章主要說明 ISO 9001：2015 品質管理系統之 8.1/8.2/8.3/8.4/8.5/8.6/8.7 條款。產品實現過程是組織品質管理系統中產品形成並提交給顧客的全部過程，是直接影響產品品質的重要過程。產品實現過程包括從產品規劃、設計、生產、交付、甚至交貨後的售後服務之一系列過程。本章主要描述這一系列過程的品質管理系統要求。以下為本章節研讀重點：

1. 產品實現之定義與產品實現規劃之內容。
2. 產品品質規劃的制訂與執行。
3. 顧客要求與溝通之注意事項。
4. 合約、訂單之制訂與審查要點。
5. 產品設計與開發之相關注意事項與執行要點。
6. 採購相關執行注意事項與外部供應過程資訊之處理。
7. 生產與服務過程之注意事項。
8. 產品鑑別與追溯之執行方法。
9. 顧客財產所須注意事項。
10. 不合格品之定義與管制。

8-1　作業規劃和管控

❧ 條文內容 ❧

> ### 8.1 作業規劃和管控
>
> 組織應規劃、實施和管控滿足符合產品與服務提供的要求，同時也滿足條文 6 所決定的措施所需之過程(參 4.4)，包括：
>
> a) 決定產品與服務的要求
> b) 建立針對以下項目之準則：
> 　1) 過程
> 　2) 產品與服務認可；
> c) 決定所需資源以達成產品與服務要求的符合性；
> d) 按準則要求實施過程管控；
> e) 決定、維護並保存充分的文件化資訊，以確認：
> 　1) 過程按計畫實施
> 　2) 符合產品與服務的需求。

1. 產品實現過程的規劃是保證產品達到品質目標和要求的重要控制手段。組織無論提供哪一類產品，都需要對該類產品實現所需要的各種過程進行規劃。

2. 適用範圍：

   (1) 產品實現過程指特定產品、專案或合約的規劃，並執行有關的過程。組織無論提供有形或無形的產品，都要經過一系列的過程或子過程來實現，必須鑑別並確定這些過程及其相互之間的關係。產品實現過程的規劃必須具體針對產品、相關訂單或合約來進行，將品質管理系統通用的過程要求轉為可具體操作並落實規劃的要求，必須用於各特定產品的實現活動中。

   (2) 產品實現過程的規劃，必須包含設計管制、採購管制、和生產及服務過程管制等。

範例說明

產品實現過程規劃就是將顧客要求與品質目標相結合與產品過程中的相關文件，產品符合的查驗與證據等之相統合，如圖 8-1 之內容。

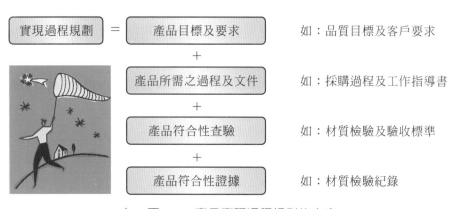

▲ 圖 8-1 產品實現過程規劃的內容

3. 品質規劃的定義：是品質管理的一部份，必須制訂產品的品質目標，並規定必要的運作過程和相關資源以實現品質目標。

4. 規劃內容必須包含：

   (1) 確定適當的品質目標，包括必須滿足顧客要求、技術規範、法律法規及組織自身的要求。該目標可以是本標準 6.2 品質目標的一部份，是有關產品目標的進一步具體化要求。

(2) 針對要進行的產品或項目，確定如何實現，所需建立哪些過程及文件，及會運用到哪些資源。亦即確定產品實現所需的過程和子過程，確保這些過程能有效的運作並且得到適當控制。

(3) 確定所需要的檢查活動和接收準則。例如設計的查證和確認、產品的檢驗、產品生產過程的監測、以及產品交貨前的檢驗或最終產品的接收準則。

(4) 確定適當的紀錄。各項紀錄必須能呈現各項過程的運作以及運作的結果可以符合產品要求。不同產品的不同過程需要個別記錄，以提供有效運作的證據以及滿足追溯性的要求。

5. 規劃的輸出：

(1) 規劃輸出的形式可因組織的規模或產品的特點而異，可能是流程圖、計畫書、文件等形式，只要能適合組織運作就可(如圖 8-2)。在某些情況下，企業必須適時的在產品實現的任何一個階段，依據產品實現過程進行補充、修正與更新規劃。

(2) 如果企業同時生產三種不同的產品，企業應對不同產品分別規定產品實現過程、執行方式、執行人員、運用之程序、相關運用文件及所運用的資源等。

6. 設計與開發控制：本條款對產品實現過程的設計與開發及如何實施控制作了特別的提示，企業為了加強產品品質控制，可依照本標準 8.3 條款的要求控制產品設計與開發，尤其是當產品生產過程或服務提供過程比較複雜時，更必須該考慮以 8.3 條款來進行控制。

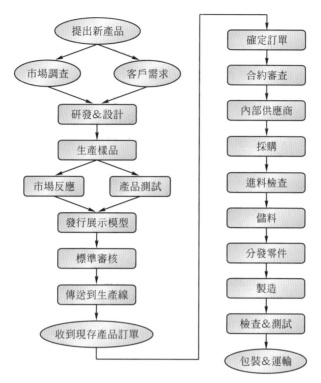

▲ 圖 8-2　產品實現過程規劃的輸出

8-2　產品與服務需求

8.2.1　客戶溝通

∞ 條文內容 ∞

> 8.2　**產品與服務需求**
>
> 8.2.1　客戶溝通
>
> 　　與客戶溝通應包含：
>
> a) 提供產品與服務的資訊；
>
> b) 處理詢問、合約或訂單，包括修改；
>
> c) 獲得客戶對於產品與服務的回饋，包括客戶抱怨；
>
> d) 處理或管控客戶資產；
>
> e) 建立應變措施的具體要求(如相關時)。

條文解析

1. 與顧客進行有效的溝通，能充分與準確瞭解客戶要求，確保在產品提供之前、提供之中與提供之後，與顧客進行溝通，並實現客戶要求。

2. 溝通對象：
   顧客指接受產品的企業與個人，如消費者、委託人、最終使用者、零售商、經銷商、承攬商、代理商、採購商等。企業應確保與這些顧客進行有效的溝通。

3. 企業應針對顧客、產品類型及自身的特點，採用適當有效的方法，與顧客進行溝通。
   (1) 產品訊息方面，如：產品廣告、宣傳單、目錄、型錄等。
   (2) 顧客的詢問、合約或訂單處理，對合約或訂單修改的有關事項。
   (3) 提供產品後，客戶回饋之訊息，包括顧客抱怨、投訴與意見。

範例說明

在顧客溝通方面，最傳統的方式是由業務人員面對面接觸顧客蒐集資訊而來，還有就是透過問卷調查的方式，蒐集顧客的滿意度狀況，在民生消費物品上，最常用的就是消費者試用洗髮精、洗衣粉或大賣場的試吃等。另外，有些企業也有所謂的 0800 免付費電話，針對顧客在產品使用後的任何問題予以回饋；企業也可以利用網路普及化的優勢，開闢網路 Q&A 的專區，針對消費者的任何問題予以回覆，這些都是很好的顧客資訊收集以及獲得使用者意見的方式，也能夠讓企業所生產的產品更貼近使用者的需求。

8.2.2 決定產品與服務的要求

條文內容

8.2.2 決定產品與服務的要求
在決定提供給客戶的產品與服務要求時，組織應確保：
a) 對於產品與服務的要求已被定義，包括：
   1) 適用法令法規的要求
   2) 組織認為必要的要求
b) 有能力證實對產品與服務所提供的聲明。

國際標準驗證
International Quality Management System

∞ 條文解析 ∞

1. 企業需充分瞭解顧客的期望和要求，才能確定滿足顧客要求已達到顧客滿意之目標，也只有在充分瞭解顧客要求後，才能提出適當的產品要求，對於產品與服務的要求已被定義，包括:

   1) 適用法令法規的要求(如國際標準，ISO 系列、當地法規，如環境保護法)
   2) 組織認為必要的要求(組織內部規範)。

範例說明

顧客相關的過程需符合相關的法規要求，包括國際上或是政府對於產品的標準對於產品的法規要求，例如塑膠袋的生產除了需符合 RoHS、REACH 等的要求外，還需注意政府對於製程中環保處理的要求。另外，企業在接獲顧客要求時必須執行審查，看看是否能滿足顧客的相關需求，如果可以滿足顧客相關的需求，則予以回覆；但如果不能符合需求時，則需要再和顧客做進一步的溝通或者修改合約或訂單的內容(如圖 8-3)。

顧客相關過程＝

產品相關要求的確認　＋　產品要求審查　＋　溝通

明顯的、隱含的、法令回饋　　審查要求及具備能力　　產品資訊、客戶
法規及公司自行訂定的規定　　　　　　　　　　　　合約訂單變更

▲ 圖 8-3　顧客相關作業過程

2. 確認與產品有關之要求，包括：如 CE、UL 等。

   (1) 顧客明確規定之要求，包括對產品固有特性的要求(如：產品性能、使用安全、可靠度、堅固性等)、交貨要求(如：交貨期、付款方式、包裝方式、運送方式等)、售後服務之要求。通常這些會在招標單、合約、訂單等文件中明確規定，或以口頭訂單中得到確定。

   (2) 顧客雖然沒有明確指示，但產品需在規定用途或已知預期用途所需包含之要求。顧客未明示的要求是最難全面去識別出來的，可能需要透過市場調查、顧客滿意度評估、產品評價等方式來取得相關訊息。

範例說明

公司需對顧客的要求執行確認，爲了確認顧客的要求，業務人員在跟客戶溝通時都會將顧客的要求記錄清楚，爲了避免忘記或遺漏顧客的要求，一般來說，企業可以查檢表(checklist)的方式，向顧客確認相關要求，這樣的查檢表同時也可以作爲企業在生產與交貨時的依據(如表 8-1)。

▼ 表 8-1　顧客要求確認表

顧客要求確認表					
顧客名稱：				編碼：	
產品名稱：					
基本樣式		顧客要求項目	公司樣品項目	OK/NG	備註
金額		—	6,000,000		
數量		60 個	60 個		
提出日期		2022/12/19	2022/12/19		
交貨日期		2023/06/01	2023/06/01		
交貨地點		顧客工廠	顧客工廠		
設計條件	(1) 種類 (2) 段數 (3) 伸側 (4) 縮側 (5) 全長(伸/縮) (6) 伸長時使用壓力 (7) 縮長時使用壓力	雙頻 1 段 150.2KN 89.3KN 1695/1095mm 19.1MPa 19.1MPa	雙頻 1 段 150.2KN 89.3KN 1695/1095mm 19.1MPa 19.1MPa		
塗裝		下塗	下塗		
顧客供應樣品		有	有		
檢查驗收	(1) 檢查項目 (2) 材料進貨檢查 (3) 檢收條件	試運轉 有 —	試運轉 有 交貨時提出確認		
書面報告	(1) 提出要求時 (2) 交貨時	(1) 確認書 (2) 製程用圖面，製程流程表	(1) 確認書 (2) 製程用圖面，製程流程表		
變更項目	(1) (2) (3)				
製造部		研計部		業務部	

3. 確認顧客指定之特殊要求，包括：

 (1) 特殊要求由顧客指定，也可由組織自行識別。

 (2) 識別顧客要求的過程，可能是透過投標、報價、合約、洽談等活動，也可能是經由市場調查、競爭對手分析、水平比對等過程，瞭解顧客之要求。

4. 確認與產品有關之法律法規之要求，包括：

 (1) 必須履行與產品有關之法律法規的要求，包括環境、安全、健康等與產品實現過程中有關之強制性要求，無論顧客是否有要求，都必須該遵循。

 (2) 由於法律法規有動態性、地域性等特徵，所以組織應隨時掌握法律法規的發佈以及變更狀態，對於產品或業務在不同區域、國家發展時，必須注意特定法規之要求。

5. 確認企業決定的任何附加要求，包括企業所做出的承諾。如某些產品依據企業內部決定，以更嚴格的產品標準進行製造或向顧客交付產品。

8.2.3　審查產品與服務的要求

∞ 條文內容 ∞

> 8.2.3　審查產品與服務的要求
>
> 8.2.3.1　組織應確保其有能力滿足提供予客戶之產品與服務要求，在輸出產品與服務給客戶前，組織應執行審查，包括：
>
> a) 客戶說明的要求，包括對交付及交付後活動的要求；
>
> b) 客戶並未說明，但對指定或預期的用途所需是必要之要求(已知時)；
>
> c) 組織所指定之要求；
>
> d) 適用於產品與服務的法令法規要求；
>
> e) 與先前說明不同之額外的合約或訂單要求。
>
> 組織應確保與先前表述不一的合約或訂單要求都已解決。
>
> 若客戶未將要求文件化，組織應於接受前對客戶要求進行確認。
>
> 註 1 在某些狀況，例如，網路營銷，正式審查每份訂單是不切實際的。取而代之，可以審查相關的產品資訊，例如，目錄。
>
> 8.2.3.2　組織應保存文件化資訊(適用時)：
>
> a) 審查結果；
>
> b) 任何，新產生之產品與服務要求。

∞ 條文解析 ∞

1. 通過審查確定組織已正確瞭解、規定產品要求,並確定能實現這些要求。

2. 審查的要點與內容

   企業應對與產品有關的要求進行審查,以確保:

   (1) 理解顧客要求,包括顧客明示、未明示與法律法規的要求,特別是買賣雙方對合約、訂單、理解不一致的狀況已得到解決。

   (2) 在前述基礎上對產品要求做出明確規定,通常這些規定會形成文件,如合約、訂單、標單、計畫書等。

   (3) 企業有能力滿足規定的要求,包括採取必要的、可實現的技術與資源措施,有能力滿足產品的使用、交付和服務等各方面的要求。

3. 審查時間:組織需在向顧客提供產品承諾前執行審查,例如在投標前、接受每項合約或訂單前、在每一次合約或訂單修改前進行評審。

4. 審查方式:

   (1) 審查的方式應能適合企業的運作,達到審查目的為原則。通常,企業相關職能需對於標單、合約、訂單、口頭訂單、詢價單等按照企業規定做出審查。

   (2) 有時顧客可能以口頭方式提出要求,企業應考量雙方是否能做到以口頭認可的方式,確認顧客要求。如電話訂貨或市場零售之情況,在接受顧客口頭表達產品要求時,接受前需對顧客要求加以確認,這也是一種適當的合約審查方式。

   (3) 對產品要求的審查並不意味要對產品的每一個訂單進行審查,如果針對每個訂單的正式審查不切實際時,如:產品以網路銷售,可以針對產品的銷售目錄或廣告內容進行審查。

範例說明

對於顧客的要求,在簽訂合約之前,一般需要執行所謂的合約審查,合約審查的方式要根據企業的型態設計,不同的企業其合約審查的方式也隨之不同,例如大量的製造案件,可能牽涉到原物料、零件、設備、設計、運輸等工程,所需要的合約審查也比較複雜,可能往往需要幾個月的時間仔細將產品的要求、所需的費用以及完成的時間,詳細的確認。對於一般物品買賣,例如以訂單為主的銷售,如果一張一張執行合約審查,則不切實際。合約審查需要相關單位共同執行,審查的目的就是希望在合約執行前確認這個合約是能夠執行的，表 8-2 範例是以查檢表的方式執行審查。

▼ 表 8-2 合約審查表

合約審查表					
客戶名稱			填表日期		
工程名稱			合約單號		
需求規範	初 審		備 考		
	可	否	特殊事項	相關單位	
製造規格					
交貨數量					
交貨時間					
售　價					
付款條件					
驗收條件					
賠償條款					
其　它					
審查主管簽章			複審意見		
經辦人		審查		核准	

8.2.4　產品與服務要求的變更

∞ 條文內容 ∞

> 8.2.4　產品與服務要求的變更
>
> a) 若產品與服務的要求產生變更時，組織應確保相關的書面資料已進行修改，並確保相關人員知道已變更的要求。

∞ 條文解析 ∞

1. 更改時的審查：產品要求發生變更時，組織應將變更的訊息及時傳送到相關部門，以確保相關文件得到更改，相關人員接收到已變更之要求。

2. 審查結果：審查的結果以及審查審查引起的措施應予以記錄並保存。這些紀錄通常涉及到招標項目、合約或訂單是否接受，是否需進一步就產品要求與顧客溝通，以及為完成該項產品或合約所必須採取的措施等。

範例說明

任何的合約或訂單變更時，公司內部的所有人員都必須要立即知道相關變更的內容。當任何合約或訂單在簽訂後，原則上就必需依照合約或訂單的內容執行，但有時候顧客會在簽訂合約或訂單後，有要求變更的狀況。舉例來說，顧客在買車時原本要求要紅色但後來又改成銀色；或者交車地點原本在台北市但改成新北市；或者交車時間的提前或延後等。一般而言，這些變更的內容如果是在企業可以容許的範圍內，可以由業務人員直接回覆顧客，但必須要立即通知相關配合的單位依據變更的內容執行。但如果任何的變更牽涉到的範圍較大，例如已經開始生產製造了，需要變更的範圍可能需要重做時，就會有額外的費用產生，這時，企業就必須再一次執行合約審查，依據變更的內容審查這些變更是否可行，並將這些更改的內容或所產生的費用，再和顧客進行協調，當顧客可以接受這樣的變更時，需要及時將這些變更的內容及時通知相關單位。企業可以根據本身的流程，制訂合約變更的執行方式，甚至可以區別大小合約變更的權限與作法，但最重要的是，任何合約或訂單變更的內容需要將變更的內容通知公司內各相關單位(表8-3)。

國際標準驗證
International Quality Management System

▼ 表 8-3　訂單審查表

No：＿＿＿＿＿＿＿　　　　　　　　　　　　　　RFQ：＿＿＿＿＿＿＿＿＿

□合　約　　□訂　單　　□樣　品　□客戶異動　　□廠內異動　　　日期：＿＿＿＿＿＿＿

客戶名稱：

P No.：＿＿＿＿＿　P/O No.：＿＿＿＿＿　Internal No：＿＿＿＿＿＿＿　Shipping Note：＿＿＿＿＿＿

審 查 單 位		簽章	異 動 說 明
業務單位	需業務單位審查　□是　□否 　　□ 價格 　　□ 付款方式 　　□ 品名＿＿＿＿＿＿＿＿＿ 　　□ 其他＿＿＿＿＿＿＿＿＿		
總經理室/ 專案經理	需總經理室/專案經理審查　□是　□否 　　□ 價格 　　□ 付款方式 　　□ 品名＿＿＿＿＿＿＿＿＿ 　　□ 其他＿＿＿＿＿＿＿＿＿		
研發/工程單位	需要研發/工程單位審查　□是　□否 　　□ 規格 　　□ 工程藍圖及相關資料 　　□ 客戶藍圖編號＿＿＿＿＿＿ 　　　版本＿＿＿＿＿＿＿＿＿＿ 　　□ 其他＿＿＿＿＿＿＿＿＿		
生管單位 (外包單位)	需要生管單位審查　□是　□否 　　□ 交期的確認 　　□ 數量 　　□ 材料＿＿＿＿＿＿＿＿＿ 　　□ 後處理＿＿＿＿＿＿＿＿ 　　□ 其他＿＿＿＿＿＿＿＿		
品保單位	需要品保單位審查　□是　□否 　　□ 品質檢驗要求 　　□ 文件需求： 　　　　□ 1.首件檢驗報告 　　　　□ 2.成品檢驗報告 　　　　□ 3.其他檢驗報告＿＿＿＿ 　　□ 特殊檢測設備需求 　　□ 其他＿＿＿＿＿＿＿＿		
其他單位 　□ 財務 　□ 法務	需要其他單位審查　□是　□否 　　□ 其他		
業務主管簽核	簽署：＿＿＿＿＿日期：＿＿＿＿＿		

8-3 產品與服務的設計和開發

> ### 8.3 產品與服務的設計和開發
>
> 8.3.1 概述
>
> 組織應建立、實施並維護一設計和開發之過程,且該過程能確保後續產品與服務之提供。
>
> 8.3.2 設計和開發規劃
>
> 在決定設計和開發的階段和管控時,組織應考量:
>
> a) 設計和開發活動的本質、週期和複雜性;
>
> b) 要求的過程階段,包括適用的設計和開發審查;
>
> c) 所需的設計和開發驗證、確認;
>
> d) 設計和開發過程中參與人員和小組的職責和權限;
>
> e) 產品與服務之設計與開發所需之內部與外部資源;
>
> f) 設計和開發過程中所參與人員之間的介面管控需求;
>
> g) 參與的客戶和使用者在設計和開發過程中的需求;
>
> h) 後續產品與服務提供的要求;
>
> i) 客戶及其他相關利害關係者所期許之設計和開發過程的管控程度。
>
> 文件化資訊需要證實設計和開發之要求均已達成。

1. 設計開發過程是產品實現過程之關鍵,將決定產品的特性與規範。設計開發規劃是確保達到預期目標的有效手段。

範例說明

設計開發之管理包含規劃、輸入、管控、輸出與相關之變更等,其重點內容如圖 8-4 所示。

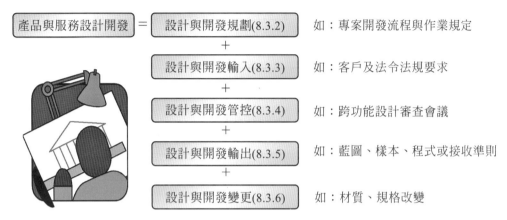

| 產品與服務設計開發 | = | 設計與開發規劃(8.3.2) | 如:專案開發流程與作業規定 |

設計與開發規劃(8.3.2)　　如:專案開發流程與作業規定
　　　　　　　　　　+
設計與開發輸入(8.3.3)　　如:客戶及法令法規要求
　　　　　　　　　　+
設計與開發管控(8.3.4)　　如:跨功能設計審查會議
　　　　　　　　　　+
設計與開發輸出(8.3.5)　　如:藍圖、樣本、程式或接收準則
　　　　　　　　　　+
設計與開發變更(8.3.6)　　如:材質、規格改變

▲　圖 8-4　設計與開發管理內容

2. 設計開發規劃之重點

必須對產品設計和開發進行規劃,規劃的重點是對設計和開發過程的控制,在設計開發規劃中必須:

(1) 規劃階段:根據產品特點、組織能力和以往經驗等因素,明確劃分設計開發的各個階段,並規定每一階段的工作內容與要求。例如將產品的設計開發規劃成許多階段,如:類似產品的資訊提供階段、設計必要法規確認階段、設計和開發階段、設計和開發輸入、設計和開發輸出階段、審查確認階段、驗證階段、設計變更階段等。

(2) 確認活動:明確規定在每一個設計開發階段需進行適當之審查、驗證和確認活動,包括活動進行的時機、參與人員及設計文件與活動。

(3) 職責與權限:明確規定各有關部門和人員參與設計開發活動的職責與權限。

(4) 內部溝通:對參與設計開發活動的不同部門或小組間的相互關係要做出規定,確保各部門人員各司其職,工作能有效銜接,訊息能有效的溝通與傳遞。

範例說明

在設計開發初始階段時,規劃的重點是針對設計和開發過程給予控制。一般而言,設計與開發流程必須注意五大階段,這五大階段包括設計規劃、設計輸入、設計管控、設計輸出、設計變更等,除了上述五個階段外,在每一個階段都有可會發生設計變更的狀況,任何的設計變更也都要執行相關的審查。

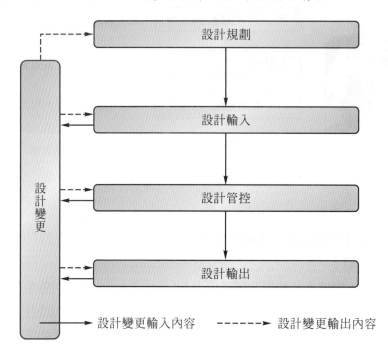

▲ 圖 8-5　設計執行管制流程

3. 設計輸出(8.3.2)的形式:一般是採用文件的形式,或採用其他方式。隨著設計開發的進展,可能會發生設計要求之變更狀況,因此必須適時修正或更新設計規劃的輸出。

4. 設計輸入(8.3.3):組織應決定設計和開發對特定類型產品與服務之必要需求,如功能性和績效要求、法令法規要求及組織承諾實施的標準和實務準則,設計輸入應適合設計和開發之目的,完整且清楚,而這些輸入中的衝突必應予以解決。

5. 設計開發管控(8.3.4)：組織應運用設計和開發過程的管控來確保，執行審查活動以對設計和開發之結果是否能符合要求進行能力評估；執行驗證行動以確保設計和開發的輸出滿足其輸入的要求，設計和開發的審查、驗證及確認皆具有不同的目的，只要適合組織的產品與服務，三者可以分開獨立也可以合併執行。

6. 設計開發輸出(8.3.5)：對於設計和開發輸出，組織應確保，符合輸入的要求；包括或參考監控和量測要求及驗收標準(適用時)，並能闡述產品與服務符合預期目的，且能安全和適當使用之特性。

7. 設計開發變更(8.3.6)：組織應盡可能地定義、審查、管控在設計和開發產品與服務的過程中或後續發展中的變更，便確保對要求符合性無任何有害影響，當設計開發進行的每一個階段及結果應形成文件化，例如將設計各階段之文件依據設計歷史檔案(Design history file)執行歸檔整理，並隨時進行適當的更新，組織應保存以下文件化資訊：

a) 設計與開發變更;

b) 審查結果;

c) 授權變更;

d) 預防負面影響發生所採取之行動。

範例說明

在設計開發規劃階段時，企業必須規劃設計開發所管制的重點，例如，針對設計輸入、設計輸出、設計審查、設計驗證與設計確認等所需的時間，在設計規劃時利用管制表的方式予以執行管制(如表 8-4)。

▼ 表 8-4　設計管制表

設計管制表							製作日：2019年06月08日	
							製作	核准
編號	CHWA - 1234		顧客		LTT科技公司			
製品名							負責人	AAA
區分	組裝圖	零件圖	計畫書	文件製作	附加業務	總設計時	交期	
計畫	A1. 2枚	A1. 4枚	6H、枚	24H	8H	78H	計畫	2019年7月20日
實際	A1. 2枚	A1. 5枚	8H、枚	20H	8H	86H	實際	2019年8月20日

日程 / 工程	日　程　計　畫　[……… 計畫 ── 實際]																
	2019.10. 5	6	7	8	9	10	11	12	13	14	15	16	17	18	19	20	21
1 企劃書、計畫表製作調查、基本計畫	…… ─																
2 設計品質確認書製作	……																
3 計畫書製作		…………															
4 計畫設計			………………														
5 輸出確認圖					………												
6 DR1設計驗證							…										
7 詳細設計								………………………									
8 檢圖													…… ─				
9 DR2設計驗證														……		
10 設計的安當性之確認															… ─		
11 設計圖製作																……	
12 出圖																	˙
特記事項																	

設計負責人計畫製作 ⇨ 設計部主管核准 ⇨ 設計負責人施行 ⇨ 設計部主管保管

(備註) 設計的進行、變更與修正都需更新。

8.3.3 設計和開發輸入

∞ 條文內容 ∞

> 8.3.3 設計和開發輸入
>
> 組織應決定設計和開發對特定類型產品與服務之必要需求，且應考慮：
>
> a) 功能性和績效要求；
>
> b) 由前次相同設計和開發活動中所擷取之資訊；
>
> c) 法令法規要求；
>
> d) 組織承諾實施的標準和實務準則；
>
> e) 由於產品與服務的本質而導致產品與服務失效時會產生的潛在後果；
>
> 輸入應適合設計和開發之目的，完整且清楚，而這些輸入中的衝突必應予以解決。
>
> 組織應保存設計和開發輸入之文件化資訊。

∞ 條文解析 ∞

1. 產品的設計開發輸入是保證設計開發品質的前提，也是設計開發輸出之依據。

2. 設計開發輸入內容，應包括：

   (1) 功能與性能之要求：這是決定將來設計輸出之產品，滿足客戶使用要求的最基本需求。

   (2) 適用的法律法規要求：與產品有關之環境、健康、人員、安全等法律或法規之特定要求。

   (3) 可行時，先前類似設計的資訊：過去類似設計可證明產品的性能、功效與安全性，可行時，應找尋類似產品進行比對，一方面考量以往設計之優點，一方面將不足的部分進行改善，也可說是對顧客未明示之要求進行補充。

   (4) 其他必要要求：對產品特性的特定要求，例如：顧客對產品的外觀、顏色、式樣、包裝、標示有指定的要求，或是市場業務訊息回饋的相關產品的要求等。

3. 設計輸入審查：

    (1) 企業應審查所有與產品要求有關的輸入。審查時需注意設計與開發輸入內容是否充分，是否涵蓋產品必要的要求，需特別注意那些不完整、矛盾或模糊的輸入內容，應與提出者一起澄清和解決，以確保設計輸入內容之充分性與適切性。

    (2) 設計輸入審查可依據產品之特性、複雜性、或成熟度選擇企業適用的方式，如：會議、會審、小組討論、專家評審或高階主管的審查批准等方式執行。

4. 審查紀錄：設計和開發輸入確定後應予以記錄，通常會形成設計輸入文件。

範例說明

對於顧客要求設計的產品，企業利用目標參數的設定，除了向顧客確認相關參數是否正確外，更可提供一個客觀的數據，讓設計人員作為設計輸出、設計驗證與設計確認之根據(如表 8-5)。

設計規格確認表					製　　作		最終樣品確認	
					研發部人員	研發部經理	業務人員	業務部經理
編號	CHWA-17001							
顧客名	LTT科技公司							
製品名	cream boom							
		品 質 項 目	單　　位	顧客要求品質	設計品質	備　　註		
設計條件	1	推 力 (伸 側)	Mp$_a$	19.8	19.8			
	2	推 力 (縮 側)	Mp$_a$	13.2	13.2			
	3	伸 長 率	%	22.5	25			
	4	全長伸長時/縮長時	mm	1910/1200	1910/1200			
	5	種　　類	—	雙頻	雙頻			
	6	段　　數	— cm^2	1 段	1 段			
	7	伸長時使用壓力	Mp$_a$(kgf/cm^2)	18.6 (190)	18.6 (190)			
	8	縮長時使用壓力	Mp$_a$(kgf/cm^2)	18.6 (190)	18.6 (190)			
	9	主要減除壓力	Mp$_a$(kgf/cm^2)	18.6 (190)	18.6 (190)			
	10	使用方向，旋轉方向	—	65～90度	65～90度			
基本性能、式樣	11	圓 環 內 徑	mm		ϕ 80			
	12	圓 環 外 徑	mm		ϕ 92			
	13	活 塞 桿 徑	mm		ϕ 60			
	14	圓 環 管 材 質	—		SUS316			
	15	活 塞 桿 材 質	—		SKH51			
	16	耐壓試驗壓力	Mp$_a$(kgf/cm^2)		27.9 (285)			
	17	動 作 速 度	mm/min		13.2			
	18	彎 曲 安 全 率	%		2.0	基準≧2.0		
	19	活 塞 桿 種 類	—	硬質	硬質			
	20	活 塞 桿 厚 度	mm	20	20			
	21	塗 裝 式 樣	—	下塗1次漆	下塗1次漆			

研發人員製作 → 研發部主管核准 → 業務部人員確認 → 業務部主管核准 → 顧客核准 → 研發部人員檔案保管

8.3.4 設計與開發管控

❧ 條文內容 ❧

> 8.3.4 設計和開發管控
>
> 組織應運用設計和開發過程的管控來確保：
>
> a) 達到的成果已被定義；
>
> b) 執行審查活動以對設計和開發之結果是否能符合要求進行能力評估；
>
> c) 執行驗證行動以確保設計和開發的輸出滿足其輸入的要求；
>
> d) 執行確認行動以確保產品與服務皆符合特定應用或預期使用的要求；
>
> e) 對在執行審查、驗證和確認行動中所產生之問題進行任何必要的行動；
>
> f) 上述所有活動的文件化資訊都予以保留。
>
> 註： 設計和開發的審查、驗證及確認皆具有不同的目的，只要適合組織的產品與服務，三者可以分開獨立也可以合併執行。

❧ 條文解析 ❧

1. 設計開發管控的目的在於評價各設計開發階段的結果及滿足要求的能力，以確定是否能轉入設計開發的下一個階段，及早發現問題，採取改善對策。

2. 設計開發規劃時，應對適當階段的設計開發審查活動做出安排。通常要考慮管控時間、審查方式、管控人員、審查之準備、審查要求、管控內容、管控結果的形成以及管控意見之處理等。

3. 設計開發管控人員：參與審查的人員應該包括曾經參與設計和開發階段管控的各代表人員。

4. 設計開發管控：

   (1) 企業應規定在適宜的階段執行系統性的設計開發管控。對於不同產品、不同設計類型(新設計、變更設計等)在不同的設計開發階段，其管控之範圍、管控內容與審查方式都有可能不同，例如：簡單的設計可能執行一次審查就足夠，但如果牽涉的範圍太廣、太複雜或內容太多時，有可能會分批次或分階段執行審查。

   (2) 企業應在設計開發管控時，對於本階段之設計成果是否滿足產品與品質要求做出評價。

(3) 應在設計開發管控時，發現設計中的任何問題與不足之處，並提出改善與處理措施。

5. 各階段管控後所做出的結果與指示，應予以記錄維持，並作為管理審查之輸入要項。

範例說明

企業必須執行系統性的設計管控，一般小型的設計開發案件多以小型會議的方式執行設計管控，在會議中展現設計開發各階段的目標是否達成，是否有需要改善或調整的方向。至於大型或複雜的案件，則需要提出詳盡的計畫書與基本資料的準備，並將設計開發輸入與輸出的相關結果，例如設計圖、計算書等進行管控。設計管控必須包含公司內各個職能，審查的結果的紀錄也必須留存(如圖 8-6)。

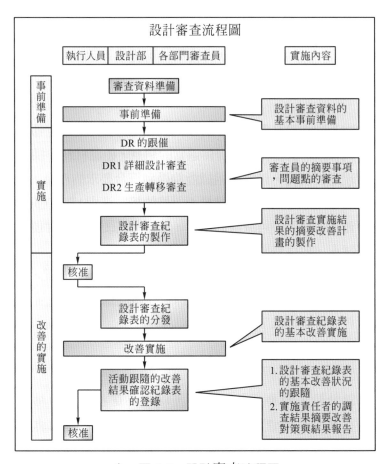

▲ 圖 8-6　設計審查流程圖

8.3.5 設計和開發輸出

✂ 條文內容 ✂

8.3.5 設計和開發輸出

對於設計和開發輸出，組織應確保：

a) 符合輸入的要求；

b) 適用於提供產品與服務的後續程序；

c) 包括或參考監控和量測要求及驗收標準(適用時)；

d) 闡述產品與服務符合預期目的，且能安全和適當使用之特性。

組織應保存設計和開發輸出的文件化資訊。

✂ 條文解析 ✂

1. 設計和開發輸出是產品設計和開發的結果，可提供產品的訊息如：產品規格與性能，這些輸出需符合設計開發輸入之要求。

2. 輸出內容：

   (1) 不同產品在不同的設計階段可能有不同的輸出形式，應規定哪些是輸出要件。這些輸出可為採購、生產和服務提供適當的訊息，如原材料的採購規範、產品規範和產品實現過程規範，以確保組織能夠得到符合要求的產品。

   (2) 設計開發的輸出應包括判定產品是否合格的接收準則，確定哪些是對產品正常使用和影響產品安全所不可或缺的特性，以確保在後續產品實現過程、驗收、交付至使用等狀況，對這些關鍵點實施控制。

   (3) 設計開發輸出通常採用圖面、產品規範、操作規範、服務規範、相關的學術理論、臨床研究報告等文件形式表達。無論採用任何形式，在發佈前均應按規定由有關部門或責任人審查批准。

範例說明

設計輸出需根據設計輸入的要項執行比對，以確認這些輸出的結果以及預期的功效是否有達成。企業需根據設計開發本身的需求進行設計輸入與輸出的比對，例如利用查核表的方式，可以一目了然輸入與輸出的差異，以及哪些需要再做改善的地方(如表8-6)。

▼ 表 8-6 設計輸出管理表

設計輸出管理表					製作：設計部		
					製作	核准	
編號	CHWA-19001	顧客名	MDCO., Ltd				
製品名	cream boom						

		品 質 項 目	單位	輸入數據	輸出數據	判定基準	合	否
設計條件	1	推 力(伸 側)	KN	93.6	93.6	±2%	v	
	2	推 力(縮 側)	KN	41.1	41.1	±2%	v	
	3	伸長率	%	25	24	±5%	v	
	4	全長伸長/最縮	mm	1660/950	1661/951	±2%	v	
	5	種　類	—	動態	動態	合格	v	
	6	段　數	段	1	1	合格	v	
	7	伸長時使用壓力	$Mp_a(kgf/cm^2)$	18.6 (190)	18.6 (190)	±2%	v	
	8	縮長時使用壓力	$Mp_a(kgf/cm^2)$	18.6 (190)	18.6 (190)	±2%	v	
	9	主要減除壓力	$Mp_a(kgf/cm^2)$	18.6 (190)	18.6 (190)	±2%	v	
基本性能	10	圓 環 內 徑	mm	$\phi 80$	$\phi 80$	合格	v	
	11	圓 環 外 徑	mm	$\phi 92$	$\phi 92$	合格	v	
	12	活塞桿外徑	mm	$\phi 60$	$\phi 60$	合格	v	
	13	圓環管材質	—	STKM13A	STKM13A	合格	v	
	14	活塞桿材質	—	S45C	S45C	合格	v	
	15	耐壓試驗壓力	$Mp_a(kgf/cm^2)$	27.9 (285)	27.9 (285)	±2%	v	
	16	動作速度伸時	Sec/hr	13.2	13.2	±5%	v	
	17	彎曲安全率	—	2.0	2.3	≧2	v	
	18	活塞桿種類	—	硬質	硬質	合格	v	
	19	活塞桿厚度	mm	20	20	±5%	v	
	20	接口大小	—	塗1次漆	塗1次漆	合格	v	
	21	圖裝樣品	—	PT 1/4	PT 1/4	合格	v	
	22	head側取得方法	—	1	1	合格	v	
	23	headpin徑取得方法	mm	$\phi 35$	$\phi 35$	合格	v	
	24	rod側取得方法	—	1	1	合格	v	
	25	rodpin徑取得方法	mm	$\phi 35$	$\phi 35$	合格	v	
	26	剪斷安全係數	—	3.0	3.4	≧3	v	
	27	計畫重量	kgf	45.5	44.0	±5%	v	
	28							

8.3.6 設計和開發變更

∞ 條文內容 ∞

> 8.3.6 設計和開發變更
>
> 組織應盡可能地定義、審查、管控在設計和開發產品與服務的過程中或後續發展中的變更,便確保對要求符合性無任何有害影響。
>
> 組織應保存以下文件化資訊:
>
> a) 設計與開發變更;
>
> b) 審查結果;
>
> c) 授權變更;
>
> d) 預防負面影響發生所採取之行動。

∞ 條文解析 ∞

1. 設計和開發的變更對產品是否滿足顧客要求有直接影響,所以須對此進行控制。

2. 範圍:這裡的設計和開發的變更主要針對已經通過審查、驗證或確認的設計結果的變更。

範例說明

對於設計開發中途,若有顧客要求變更,則必須考量,任何的變更必須確認變更後的產品不會影響已經交付的產品或已經使用的產品,例如產生不相容或危害的狀況。而任何的設計變更必須在經過相關人員審查,也必須執行記錄。除了執行設計變更的審查外,任何的變更也必須執行再驗證與再確認的流程。亦可利用變更要求單,重新執行設計變更的審查與核准(如表 8-8)。

▼ 表 8-7 設計變更要求單(DCR)

設計變更要求單					
變更要求單編號					
工程名稱					
申請部門			申請日期		
變更事項:					
要求及建議:					
會簽單位	1.	2.	3.	4.	5.
簽章					
意見備註					
執行人員		設計單位主管審核		總經理核准	

3. 來源：設計開發的變更來源可能是多方面的，如客戶要求之變更、設計輸入變更、根據設計審查/驗證/確認的結果、產品交付後之使用回饋狀況等所作之調整與修改等。

4. 控制要點：

(1) 企業應識別設計和開發的變更(8.3.6)，並對發生變更作再一次的審查、驗證與確認。對於變更審查除了 8.3.4 設計管控的要求外，還應審查變更部分對於其他部分及整體功能、性能、結構等方面之影響，以確定變更的適切性。必要時，應對變更之局部或變更後的產品進行驗證和確認，以證實變更後的產品仍可滿足需求。

(2) 在認定合理可行的基礎上，任何變更在實施前應得到核准。

5. 變更審查的結果和因變更所採取的必要措施應予以紀錄並維持。

8-4　外部供應之過程、產品與服務的管控

∞ 條文內容 ∞

> **8.4 外部供應之過程、產品與服務的管控**
>
> 8.4.1　概述
>
> 組織應確保外部提供的過程、產品與服務符合要求。
>
> 組織應決定管控方式並應用於外部提供的過程、產品與服務，當：
>
> a) 外部供應商的產品與服務納入組織的產品與服務時；
>
> b) 外部供應商代表組織直接提供產品與服務給客戶時；
>
> c) 組織決定將某個過程或功能外包時。
>
> 組織應決定和應用標準對外部供應商進行評估、選擇、績效監控，並且重新評估其供應過程、產品與服務是否符合規範。
>
> 組織應保存以上活動以及任何由評估中所產生的必要行動之文件化資訊。
>
> 8.4.2　管控方式及程度
>
> 組織應確保外部供應過程、產品與服務不會對組織提供符合之產品與服務給客戶的能力造成負面影響。
>
> 組織應：
>
> a) 確保外部提供過程持續由其品質管理系統管控；
>
> b) 定義針對外部供應商及結果輸出的管控方式；

c) 可考量：

1) 由外部提供的過程、產品與服務對於組織能否持續滿足客戶和符合適用之法令法規要求的潛在影響；

2) 對外部供應商進行的管控成效。

d) 決定驗證或其他行動以確保外部供應商所提供之過程、產品與服務符合要求。

∞ 條文解析 ∞

1. 採購之產品對於組織產品是否能符合要求有很大的影響，所以要對採購之產品進行控制，以確保採購之產品在品質要求、交付和服務等各方面都能符合規定的採購要求。

2. 控制範圍：組織對於採購產品之控制主要對於採購產品及所有供應商(包括外包商)之控制，制訂採購要求並驗證產品。對於供應商及採購產品控制的程度取決於所採購之產品對於企業產品實現或最終產品的影響程度。一般可以依照其重要影響程度予以分級，對於不同級別的採購品與供應商進行不同程度之控制。

3. 確定採購產品對於組織產品影響時，需考慮：

(1) 對組織中間產品和最終產品之影響。

(2) 對組織產品製造過程、服務提供過程或後續產品實現過程的影響。

(3) 直接影響(如：材料、零件)或間接影響(如：模具)。

(4) 影響的重要程度(如：是否影響到產品正常使用的關鍵特性或安全性)。

4. 供應商的選擇：應按照企業的要求與提供採購產品的能力來評估和選擇適合的供應商。一般需要評估供應商產品的符合性、產品品質保證能力(如：生產過程、交或期、和交貨後的服務等)、以及其他必要方面之要求(如：價格)。

5. 供應商的評估：通常可以考量下列方向，

(1) 供應商產品的品質狀況、服務、價格、交貨狀況、安裝與後續服務能力、過去滿足要求的實績、處理問題的能力等。

(2) 供應商品質管理系統對穩定提供產品的品質保證能力。

(3) 供應商客戶滿意程度。

(4) 其他方面。

6. 合格供應商準則：應制訂選擇、評估、重新評估供應商的準則，規定各類供應商初次評估的方法、內容、合格/不合格標準，並規定對供應商進行重新評估的時機、方法、內容、合格/不合格標準。當已被選為合格的供應商再提供產品或服務出現問題時，企業應以相關措施保證採購產品持續符合要求，這些措施包括與供應商溝通、加強採購之驗證與確認、限制或停止供應商繼續供貨。

7. 當採用顧客指定的供應商時，企業不能免除確保採購產品品質的責任，企業仍需對這些供應商進行評估與控制，並對其提供之採購產品進行驗證。

8. 供應商評估結果以及所引起之必要措施應予以記錄並維持。

範例說明

企業在採購產品時，需由合格供應商名冊中選擇供應商，合格供應商的評估一般來說可以分為初次評估與後續評估。初次評估時可以先建立供應商的基本資料，然後可以依據現場查廠的實際評比紀錄給予評分，如果相關的製程與品質條件可以為公司所接受，則可納入合格供應商。企業依據本身的採購狀況，定期針對供應商進行考核，考核的內容可以依據採購產品的重要性進行設計，或以品質或交期作為考核好計算的標準(表 8-8~表 8-9)。

▼ 表 8-8 供應商基本資料表

供應商基本資料表				
公司名稱			負責人	
地址			聯絡人	
電話/傳真				
工廠名稱			負責人	
地址			聯絡人	
營業登記號碼				
工廠登記號碼				
主要提供產品或服務				
公司概況	公司性質	□合資　□自營　□其他 ＿＿＿＿＿＿		
	員工組成	員工總數 ＿＿＿＿＿　技術人員數 ＿＿＿＿＿		
	管理系統	□ ISO 9001　□ ISO 45001　□ IATF 16949　□ ISO14001 □ ISO 50001　□ ISO 13485　□ ISO14067 □其他 □ 準備在 ＿＿＿ 月內認證 □ 目前無認證計畫		
主要生產 / 試驗設備	主要生產技術			
	冶煉設備			
	鍛壓設備			
	熱處理設備			
	機械加工設備			
	其他加工設備			
	檢驗設備			
生產能力	月供貨能力			
	正常交貨週期			
主要客 戶簡介	客戶			
	提供的產品			
	佔生產比例			

供應商現場評量表								
評量日期					評量人員			
供應商基本資料	名稱				主要供應公司產品			
	編號							
	地址							
	聯絡人		職務		涉及加工技術過程			
	電話		傳真					
	主要生產設備							
	主要檢測工具							

評量內容		優 5	良 4	中 3	差 1	劣 0	得分
綜合項	1. 品質政策是否明確？目標是否量化？						
	2. 特殊工作的操作人員是否得到適當的培訓？						
	3. 工作場地是否清潔、整齊、定位擺放？						
檢驗與試驗	1. 進料檢驗是否有檢驗規範、檢驗紀錄？						
	2. 過程檢驗是否有檢驗規範、檢驗紀錄？						
	3. 最終檢驗是否有檢驗規範、檢驗紀錄？						
	4. 是否有標識來標明檢驗與試驗狀態？						
	5. 不合格品是否有處理程序並按程序處理？						
	6. 品質出現異常時是否有訊息回饋？是否有矯正措施？						
	7. 儀器設備是否有校正管理制度？現場使用狀況是否良好？						
過程控制	1. 是否對供應產品具備足夠的技術能力？						
	2. 是否制訂製造流程圖和作業指導書？						
	3. 產品是否有適當的標識？						
	4. 儀器設備是否定期保養、潤滑、清潔？						
	5. 設備、工具是否有適當保存，現場使用狀態完好？						
	6. 搬運工具是否適當能避免產品損壞？						
出貨安排	1. 倉庫是否整潔、標識清楚、帳料相符？						
	2. 產品出貨前是否進行出貨檢驗，以確保按期交付？						
	3. 生產計畫是否依交期排定，以確保按期交付？						
	4. 有無適當的緊急訂單處理方式與能力？						
現場評量分數達 75 分以上為合格			得分合計				

評量確認	合格 □　　　　不合格 □　　　　改善後再評 □　　保留資料暫不列入名單 □		
	管理部	生管部	品保部

8.4.3 外部供應商的資訊

> 8.4.3 外部供應商的資訊
>
> 組織應優先確保要求的合適性並與外部供應商進行溝通。
>
> 組織應與外部供應商溝通與下列相關要求：
>
> a) 所提供的過程、產品與服務；
>
> b) 許可內容：
>
>   1) 產品與服務；
>
>   2) 方法、過程與設備；
>
>   3) 產品與服務的發行；
>
> c) 能力，包括任何被要求的人員資格；
>
> d) 外部供應商與組織的相互影響；
>
> e) 組織實施對外部供應商績效的管控；
>
> 組織或客戶期望在外部供應商廠址執行的驗證或確認行動。

∞ 條文解析 ∞

1. 採購資訊應正確表達採購要求，這是採購控制的重要內容。

2. 採購資訊應能正確清楚的表達採購品的要求，適當時應包括：

(1) 有關產品的品質要求或外包服務的要求。

(2) 有關產品提供的程序性要求，如：供應商提交產品有關資訊(產品規格、型號、等級、產品標準、數量、交貨要求、服務要求等)、程序(設計/原材料/零件之採購要求、檢驗放行條件、雙方議定之協議等)、過程(產品使用說明與服務提供規範等)、儀具設備(包括關鍵測試設備與設備檢定合格證明)之要求。

(3) 有關人員資格要求，如：對從事特殊製程或設備操作的人員予以規定。

(4) 有關供應商品質管理系統之要求。

3. 控制重點：

(1) 採購訊息再與供應商溝通前,組織應採取必要的控制措施以確保採購要求是充分且合宜。一般以審查或採購人員審核的方式，確保採購訊息是充分且合宜的。

(2) 根據採購產品之類型、訂貨數量、行業慣例、買賣雙方之信用狀況，採購訊息可以合約、訂單、詢價單、採購規範、招標書等形式呈現。

範例說明

公司採購小組在收集採購資訊時，可填寫品名與規格交給欲評估的廠商，請廠商進行產品規格的報價等處理(如表 8-10)。

▼ 表 8-10 廠商產品規格說明書

<table>
<tr><td colspan="7" align="center">產品規格說明書</td></tr>
<tr><td>詢價公司名稱</td><td colspan="4"></td><td>聯絡人</td><td></td></tr>
<tr><td>地址</td><td colspan="6"></td></tr>
<tr><td>電話/傳真</td><td colspan="6"></td></tr>
<tr><td>E-mail</td><td colspan="6"></td></tr>
<tr><td>統一編號</td><td colspan="4"></td><td rowspan="2">要求報價日期</td><td rowspan="2"></td></tr>
<tr><td>詢價日期</td><td colspan="4"></td></tr>
<tr><td>品名</td><td>規格</td><td>數量</td><td>單價</td><td colspan="2">交貨期</td><td>交納地點</td></tr>
<tr><td></td><td></td><td></td><td></td><td colspan="2"></td><td></td></tr>
<tr><td></td><td></td><td></td><td></td><td colspan="2"></td><td></td></tr>
<tr><td></td><td></td><td></td><td></td><td colspan="2"></td><td></td></tr>
<tr><td></td><td></td><td></td><td></td><td colspan="2"></td><td></td></tr>
<tr><td></td><td></td><td></td><td></td><td colspan="2"></td><td></td></tr>
<tr><td colspan="7">附件：□圖面　□製程　□標準　□檢驗說明書
備註：</td></tr>
<tr><td colspan="7">金額合計：_____　□含稅　□不含稅
說明：
1. 付款方式：□現金　□支票　□匯款－帳戶：_____　帳號：_____　□其他
2. 付款條件：□T/T　□L/C _____天
3. 送貨條件：□貨運　□快遞　□自送　□其他
4. 其他條件：</td></tr>
</table>

8-5　生產與服務提供

8.5　生產與服務提供

8.5.1　生產與服務提供的管控

組織應在管控條件下執行生產與服務提供。

所執行的管控條件應包括(適用時)：

a) 表述以下內容的文件化資訊之可得性

　1) 所生產之產品特性、提供之服務特性或執行的活動特性；

　2) 預期達到之成果；

b) 適宜的監控和量測資源之可得性與使用；

c) 在適當階段實施監控及量測活動，以確保過程及輸出管控的標準與產品與服務所接受的準則相符；

d) 合宜基礎建設和作業過程環境的使用；

e) 權限人員的委派，包括任何要求的資格；

f) 當後續監控與量測活動不能對產出結果加以驗證時，針對產品與服務提供過程是否達成預期結果所進行的實證與確認。

g) 實施預防人為疏失之行動；

h) 實施發佈、交付和交付後的行動。

1. 生產和服務提供在有形產品是指其加工、製造直到交付後服務之過程。服務是指其服務提供之過程，本條款是確保生產服務之提供，應在規劃控制的條件下進行，並根據產品或服務之過程及特點給予適當的控制。

2. 控制條件應包括：

(1) 獲得描述的產品特性資訊：生產和服務提供部門或人員應該取得產品特性的訊息，例如：圖面、產品規格、服務規範等，當這些訊息包含產品正常使用相當重要之特性與使用安全資訊時，在生產和服務提供中，應對這些特性重點加以控制。

(2) 有效的文件程序、文件要求、工作指導書和涉及的原料、量測程序：必要時，應得到生產和服務提供過程的作業指導文件。不是每一種作業活動都必須要有作業指導文件，必須取決於生產和服務作業的複雜度、產品特性以及人員技能之成熟度。但如果缺少這些作業指導文件就可能會影響產品生產和服務提供之運作及有效控制時，就應要提供這些指導文件，例如：產品製造作業指導書、服務規範、產品品質控制規範等。

(3) 適當的裝備使用：在產品實現規劃過程中，就應考量使用哪些相關的儀器設備。在使用過程以及間隔使用期間，應有計畫維護設備，確保保持一定的量測與監測設備之運作能力。

(4) 量測和監測裝備的使用及可用性：應配置並使用合適的量測設備，以便於在產品生產與服務運作過程能不斷的監測產品的特性與過程變化，進而透過修正與調整的措施將這些特性控制在產品規劃的範圍內。

(5) 量測與監控的實施：應對產品實現過程實施量測與監控，這些活動包括對產品特性的量測、對作業人員、作業過程與工作環境之監控等。

(6) 放行、交貨和售後活動的實施：未經檢驗合格或驗證未滿足要求之產品不得放行或交付，向顧客提交產品時應規定交貨方式並確保交貨期。必須根據不同產品與服務特性，規劃適當的交貨後活動，例如：零配件應、使用訓練、保養與維修活動、軟體的維護、售後服務等。

範例說明

企業在實現與規劃產品時，需思考產品在實現的過程牽涉到哪些條件，例如哪些製程是由公司內部執行？哪些是由供應商處執行？任何相關的製程與檢驗的設備以及相關的程序文件是哪些？相關的作業流程為何？相關的作業人員資格為何？對於放行或交貨的流程為何？企業必須清楚的界定這些過程，並且針對這些過程如和實現與進行有效的管制(如圖 8-7)。

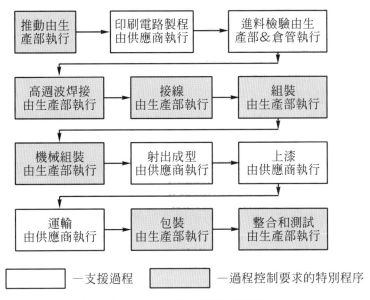

| 推動由生產部執行 | → | 印刷電路製程由供應商執行 | → | 進料檢驗由生產部&倉管執行 |

| 高週波焊接由生產部執行 | → | 接線由生產部執行 | → | 組裝由生產部執行 |

| 機械組裝由生產部執行 | → | 射出成型由供應商執行 | → | 上漆由供應商執行 |

| 運輸由供應商執行 | → | 包裝由生產部執行 | → | 整合和測試由生產部執行 |

☐ —支援過程　　■ —過程控制要求的特別程序

▲　圖 8-7　生產與服務供應流程範例

8.5.2　標識和可追溯性

❧ 條文內容 ☙

> 8.5.2　標識和可追溯性
>
> 　　如需確保產品與服務的符合性，組織應運用合適的方法識別過程輸出。
>
> 　　組織應在產品與服務提供的過程中，針對監控及量測要求識別過程輸出的狀態。
>
> 　　在有要求可追溯性的情況下，組織應管控過程輸出的唯一性標識，並保留任何必要文件化資訊，以維護其可追溯性。

❧ 條文解析 ☙

1. 為了避免在產品實現過程中產品的混淆和誤用，及實現必要的產品追溯，應採用適宜的追溯方法在產品實現的全程中，識別產品的狀態。

2. 產品鑑別標示：組織應鑑別產品實現中產品適用性，指透過標示、標記或紀錄來鑑別產品特性或狀態，包含生產服務提供過程中的採購產品、中間產品與最終成產品等，確保當產品被送回組織時能從相似產品中被鑑定及識別。

3. 標示方式：可以依據產品生產和服務應的特點而定，如產品流水號、產品形成過程之工序號碼、材料批號、產品批號、產品序號等。

4. 標示時機：
   (1) 生產和服務過程鑑別：在生產和服務過程中，需要對採購產品、中間產品與最終成品分別進行標示。另外，爲區分不同產品時，企業應規定採用適當的方法標示產品。
   (2) 量測或監控之鑑別：如企業應對產品檢驗合格與檢驗不合格狀態，以加工或未加工狀態等，分別予以標示。

5. 產品追溯：是指透過記載之標示，可追溯產品歷史、必須用狀況、或所處場所之能力。實施追溯管理可以避免同類產品之混淆，組織應建立追溯文件化程序明確規定要追溯性的產品、追溯的範圍、追溯標示的方式與紀錄方法與要求，應採用唯一識別來識別產品或批次。

範例說明

產品在製造時的任何狀態，需要能夠鑑別，企業可以依據本身的性質，在生產的相關製程當中，貼上標示卡予以識別，同時應能呈現產品的合格狀態，以便相關製程人員在製程的任何階段都能夠識別產品或原料的狀態(如表 8-11)。

▼ 表 8-11　鑑別標示卡

鑑別標示卡		
品名		
製程批號		
製程工序		
數量		
檢驗日期		
檢查方式	判定基準	檢查負責人
1. 品名、數量、包裝	外觀、數量、包裝狀態	
2. 依據成績書或規格書檢查	檢查結果	
3. 抽樣檢查(測定確認)	□合格　□不合格	

8.5.3　客戶或外部供應商資產

∞ 條文內容 ∞

> 8.5.3　客戶或外部供應商資產
>
> 當客戶或外部供應商的資產在組織的管控或使用下時，組織應謹慎處理。
>
> 組織應識別、驗證、保護和維護客戶或外部供應商所提供用於或併入於產品與服務過程的資產。
>
> 若客戶或外部供應商的資產遺失、損壞、或發現不適用時，組織應向客戶或外部供應商進行報告，並保存記錄過程的文件化資訊。
>
> 註：客戶或外部供應商財產可包括材料、組件、工具和設備、營業場所、智慧財產和個人資料等。

∞ 條文解析 ∞

1. 顧客財產會直接或間接影響企業產品實現過程之正常運作，或影響產品滿足客戶需求，故需納入企業品質管理系統並予以控制。

2. 顧客財產定義：是指顧客所擁有的，為了滿足合約或產品實現，由顧客提交給企業所使用的產品、零組件、配件、原材料、設備、設施、訊息、數據、提供用於修理、維護或升級的產品等，另包括顧客智慧財產，如所提供之技術、圖面、軟體等。

3. 控制重點：

   (1) 組織應維護顧客財產，顧客財產在接收時應進行檢驗並予以標示。

   (2) 儲存時應給予適當的保護與維護。

   (3) 當顧客財產發生遺失、損壞或不適用的情況時，組織應向顧客報告並予以記錄。

   (4) 顧客所提供的設備、工具等應做永久標示，如：顧客名稱、標示或顧客代號等。

範例說明

顧客財產大多也是依據企業本身的不同而不同，在製造業中，大多數的顧客財產是與生產有關的用具，例如紙箱、包裝材料、標籤、說明書等。而旅遊服務業大多數是顧客臨時寄存的，例如航空公司接收顧客的行李等。顧客財產的保管需考量保管的時間、是否需退還、是否用於製程中等因素，對於顧客的財產在接收時也需進行確認，並將任何不良或異常的狀況執行記錄，並且告知顧客，避免造成日後糾紛(如表 8-12)。

▼ 表 8-12　顧客財產登錄表

編號	登入日期			退還日期				倉庫總量	不良品狀況
	登入日	數量	確認者	退還日	地點	數量	確認者		
不良品處理狀況					負責人				

8.5.4　維護

❀ 條文內容 ❀

8.5.4 維護
　　　　組織應保存在生產與服務提供過程中的輸出成果，以在必要範圍內確保符合要求。
　　註：維護包括識別、處理、汙染管控、包裝、貯存、傳送或運送及保護。

❀ 條文解析 ❀

1. 產品在組織內部處理一直到成品完成送交至顧客，在顧客接收前，企業應對產品負有防護的責任。

2. 產品防護應包括：
   (1) 建立並保持適當的防護標示，如：包裝標識。
   (2) 提供適當的搬運方式和設備，防止在生產和服務提供及交付的搬運時損壞產品。

3. 倉儲管理：

(1) 根據產品特點和顧客要求包裝產品，重點是防止產品在搬運和儲存時的損壞。

(2) 控制採購產品、中間產品、和最終產品的儲存，應採取有效的管理措施，如：定期檢查庫存狀況，防止產品的損壞變質或誤用。

範例說明

產品防護主要要考慮的條件如圖 8-8 之內容：

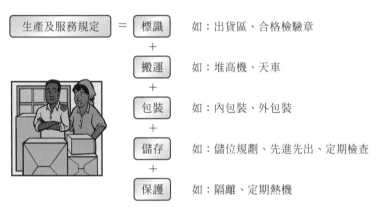

```
生產及服務規定  =  標識    如：出貨區、合格檢驗章
                 +
                搬運    如：堆高機、天車
                 +
                包裝    如：內包裝、外包裝
                 +
                儲存    如：儲位規劃、先進先出、定期檢查
                 +
                保護    如：隔離、定期熱機
```

▲ 圖 8-8　產品防護內容

8.5.5　交付後的活動

∞ 條文內容 ∞

8.5.5　交付後的活動

組織應滿足和產品與服務相關的交付後活動之要求。

在決定交付後活動的要求範圍時，組織應考量：

a) 法令法規要求；

b) 和產品與服務相關的潛在不良後果；

c) 產品與服務的本質、用途和預期壽命；

d) 客戶要求；

e) 客戶反饋。

註：交付後的活動包括保固條款、合約義務(如維護服務)及附加服務(如回收或最終處置)等。

∞ 條文解析 ∞

1. 通過審查確定組織已正確瞭解、規定產品要求，並確定能實現這些要求。

2. 審查的要點與內容

   企業應對與產品有關的要求進行審查，以確保：

   (1) 理解顧客要求，包括顧客明示、未明示與法律法規的要求，特別是買賣雙方對合約、訂單、理解不一致的狀況已得到解決。

   (2) 在前述基礎上對產品要求做出明確規定，通常這些規定會形成文件，如合約、訂單、標單、計畫書等。

   (3) 企業有能力滿足規定的要求，包括採取必要的、可實現的技術與資源措施，有能力滿足產品的使用、交付和服務等各方面的要求。

3. 審查時間：組織需在向顧客提供產品承諾前執行審查，例如在投標前、接受每項合約或訂單前、在每一次合約或訂單修改前進行評審。

4. 審查方式：

   (1) 審查的方式應能適合企業的運作，達到審查目的為原則。通常，企業相關職能需對於標單、合約、訂單、口頭訂單、詢價單等按照企業規定做出審查。

   (2) 有時顧客可能以口頭方式提出要求，企業應考量雙方是否能做到以口頭認可的方式，確認顧客要求。如電話訂貨或市場零售之情況，在接受顧客口頭表達產品要求時，接受前需對顧客要求加以確認，這也是一種適當的合約審查方式。

   (3) 對產品要求的審查並不意味要對產品的每一個訂單進行審查，如果針對每個訂單的正式審查不切實際時，如：產品以網路銷售，可以針對產品的銷售目錄或廣告內容進行審查。

8.5.6 變更管控

∞ 條文內容 ∞

> 8.5.6 變更管控
>
> 組織應在必要程度下審查和管控生產與服務提供計畫外的變更，以確保持續符合特定的要求。
>
> a) 組織應保存表述審查變更、權責人員變更及任何必要在審查後產生的變更結果之文件化資訊。
>
> 註：交付後的活動包括保固條款、合約義務(如維護服務)及附加服務(如回收或最終處置)等。

更改時的審查：產品要求發生變更時，組織應將變更的訊息及時傳送到相關部門，以確保相關文件得到更改，相關人員接收到已變更之要求。

範例說明

任何的合約或訂單變更時，公司內部的所有人員都必須要立即知道相關變更的內容。當任何合約或訂單在簽訂後，原則上就必需依照合約或訂單的內容執行，但有時候顧客會在簽訂合約或訂單後，有要求變更的狀況。舉例來說，顧客在買車時原本要求要紅色但後來又改成銀色；或者交車地點原本在台北市但改成新北市；或者交車時間的提前或延後等。一般而言，這些變更的內容如果是在企業可以容許的範圍內，可以由業務人員直接回覆顧客，但必須要立即通知相關配合的單位依據變更的內容執行。但如果任何的變更牽涉到的範圍較大，例如已經開始生產製造了，需要變更的範圍可能需要重做時，就會有額外的費用產生，這時，企業就必須再一次執行合約審查，依據變更的內容審查這些變更是否可行，並將這些更改的內容或所產生的費用，再和顧客進行協調，當顧客可以接受這樣的變更時，需要及時將這些變更的內容及時通知相關單位。企業可以根據本身的流程，制訂合約變更的執行方式，甚至可以區別大小合約變更的權限與作法，但最重要的是，任何合約或訂單變更的內容需要將變更的內容通知公司內各相關單位(表8-13)。

No：_____　　　　　　　　　　　　RFQ：_____

□合 約　　□訂 單　　□樣 品　　□設計變更　　□客戶變更　　□廠內工程變更　　日期：_____

客戶名稱：

P No.：_____　　P/O No.：_____　　Internal No：_____　　Shipping Note：_____

審 查 單 位		簽章	異 動 說 明
業務單位	需業務單位審查 □是 □否 　□ 價格 　□ 付款方式 　□ 品名_____ 　□ 其他_____		
總經理室/ 專案經理	需總經理室/專案經理審查 □是 □否 　□ 價格 　□ 付款方式 　□ 品名_____ 　□ 其他_____		
研發/工程單位	需要研發/工程單位審查 □是 □否 　□ 規格 　□ 工程藍圖及相關資料 　□ 客戶藍圖編號_____ 　　版本 　□ 其他_____		
生管單位 (外包室)	需要生管單位審查 □是 □否 　□ 交期的確認 　□ 數量 　□ 材料 _____ 　□ 後處理 _____ 　□ 其他_____		
品保單位	需要品保單位審查 □是 □否 　□ 品質檢驗要求 　□ 文件需求： 　　□ 1.首件檢驗報告 　　□ 2.巡邏檢驗報告 　　□ 3.成品檢驗報告 　　□ 4.其他檢驗報告_____ 　□ 特殊檢測設備需求 　□ 其他 _____		
其他單位 　□ 財務 　□ 法務	其他單位審查 □是 □否 　□ 其他		
業務主管簽核	簽署：_____ 日期：_____		

6. 審查結果：審查的結果以及審查審查引起的措施應予以記錄並保存。這些紀錄通常涉及到招標項目、合約或訂單是否接受，是否需進一步就產品要求與顧客溝通，以及為完成該項產品或合約所必須採取的措施等。

8-6　產品與服務的發行

∞ 條文內容 ∞

> **8.6　產品與服務的發行**
>
> 組織應按規劃的安排，在適當階段驗證產品與服務的要求是否得到滿足。
>
> 除非得到相關授權人員或客戶的批准(適用時)，否則在所規劃的安排圓滿完成前，不得向客戶進行產品與服務之發行。
>
> 組織應保存表述產品與服務輸出的文件化資訊，文件應包括：
>
> a)與許可標準相符的證據；
>
> b)對授權放行人員的追溯性。

∞ 條文解析 ∞

1. 企業需充分瞭解顧客的期望和要求，才能確定滿足顧客要求已達到顧客滿意之目標，也只有在充分瞭解顧客要求後，才能提出適當的產品要求。

2. SIPOC 流程模型是美國品質管制專家戴明博士，提出來的產品放行之組織系統模型，是一門最有用而且最常用的，用於流程管理和管控的技術。SIPOC：Supplier(供應商)；Input(輸入)；Process(流程)；Output(輸出)；Customer(客戶)。

SIPOC流程模型

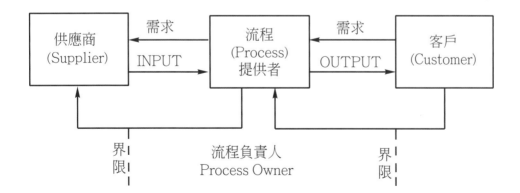

8-7 不符合輸出之管控

❧ 條文內容 ❧

8.7 不符合輸出之管控

8.7.1 組織應確保不符合要求之輸出已被識別和管控，以防止被非預期的使用或交付。

組織應採取與不符合之產品與服務項目或其影響的本質相應的措施，這也應被應用於在產品交付後和服務提供過程中所發現的不合格產品與服務。

組織應使用下述中一個或多個方式，處理不符合之過程輸出、產品與服務：

a) 矯正；

b) 隔離、制止、退回或暫停提供產品與服務；

c) 通知客戶；

d) 讓步接受的授權。

不符合輸出過程、產品與服務得到改正後應對其再次進行驗證，以確實符合要求。

8.7.2 組織應保存表述以下內容之文件化資訊：

a) 不符合之描述；

b) 採取措施之描述；

c) 讓步之描述；

d) 針對不符合所採取行動之決定權責描述。

❧ 條文解析 ❧

1. 對於可疑狀態之產品與不符合產品進行管制，確保不合格產品之非預期使用或交付。

2. 不符合產品之定義：指不能滿足要求之產品，包括：採購產品、中間產品與成品。公司應確保不符合要求的產品已被鑑別和管制，以防止非預期的使用或交付。

國際標準驗證
International Quality Management System

3. 制訂不符合產品管制程序：公司應在程序中規定不符合產品之控制活動，與處置不符合品權責與權限，包括：判定、標示、紀錄、審查與處置等。

4. 不符合產品之處置之方式：

   (1) 採取重工等措施，消除發現的不符合品：依照工作指導書等相關規定，採取相關措施如：重工、修理、降級、報廢等處置。

   (2) 授權使用、放行或接收不符合品：對不合格品採取讓步使用或放行措施，但需經相關授權人員或顧客核准，相關不合格品需進行適當之標示。公司應確保只有管理要求之不合格品被讓步接受。應維持個人授權讓步的鑑定紀錄。

   (3) 採取行動來排除其原預期使用或應用：如採取不合格品之標示與隔離措施。

5. 不符合產品控制紀錄：應包括不合格品性質(包括不合格情況、類別屬性)、處置情況和讓步批准等。

6. 不符合產品之矯正驗證：所有不符合產品在經過相關處理措施執行矯正後需再進行驗證，以證實其符合要求。

7. 產品交付或使用後發現之不合格：公司應即時通知顧客並有責任採取適當措施解決問題，例如：負責修理、換貨、賠償或其他處理。

範例說明

對於不合格品的處置方法，須詳細記錄在不合格品處置報告書中如表8-14，以利公司以後追查產品之流向、相關品質不良的原因、改善措施等，作為日後產品改進的參考。

▼ 表8-14　不合格品處置報告

<table>
<tr><td colspan="6" style="text-align:center">不合格品處置報告</td></tr>
<tr><td>報告編號</td><td colspan="5"></td></tr>
<tr><td>不合格品發現區分</td><td colspan="5">□進料檢查　□製程檢查　□最後檢查　□出貨檢查　□其他</td></tr>
<tr><td>不合格品發現日期</td><td colspan="2">年　　月　　日</td><td>完成矯正日期</td><td colspan="2">年　　月　　日</td></tr>
<tr><td>工程名稱</td><td colspan="5"></td></tr>
<tr><td rowspan="2">不合格品內容</td><td colspan="5">不合格品發生單位：</td></tr>
<tr><td colspan="5"></td></tr>
<tr><td rowspan="6">不合格品處置</td><td>不合格原因</td><td colspan="4"></td></tr>
<tr><td>如何防止</td><td colspan="4"></td></tr>
<tr><td rowspan="2">決定處置方式</td><td>處置區分</td><td colspan="2">處置內容</td><td>發生單位</td></tr>
<tr><td>□ 重新處理
□ 特別採用(填寫申請書)
□ 用途變更
□ 降級處理
□ 廢棄</td><td colspan="2"></td><td></td></tr>
<tr><td colspan="4"></td></tr>
<tr><td>處置後再檢查</td><td colspan="2">再檢查日期

</td><td>生產部

</td><td>品保

</td></tr>
<tr><td>相關部門通知</td><td colspan="5">公司內相關部門：　　　　　　公司外有關單位：
□ 總經理　　□生產部　　　　□供應商
□ 業務部　　□管理部　　　　□客戶</td></tr>
</table>

8　營運　 ℬ 稽核重點 ℭ

8.1　作業規劃和管控

◆　產品的產出要求如何規劃(工令或製令)？

◆　是否明確訂定過程或子過程的順序(工令內容)？

◆　過程的順序是否符合實際運作狀況(工令內容)？

◆　過程的步驟是否達到品質特性及管制要求(工令內容)？

◆　每一過程輸入、活動及輸出是否明確訂定，並能有效管制(工令內容)？

◆　每一過程的權責是否明確訂定及落實？

◆　每一步驟所需的資源是否適當，以確保其運作正常及管制？

◆　每一過程是否明確訂定驗證及驗收的活動及準則，並評估適切性(是否有規範或指導書 WI)？

◆　是否確定必須之品質記錄，以對過程及產品符合性提供信心？

8.2　產品與服務需求

8.2.1　顧客溝通

◆　為確保及時傳達產品資訊且得到客戶回饋，其溝通管道如何建立？

◆　如何提供客戶相關產品資訊？

◆　是否及時有效處理客戶詢價、訂單或合約，包括變更？

◆　客戶需求、接受及傳達客戶回饋，其負責部門與權責是否明確訂定？

◆　客戶抱怨處理如何處理，矯正措施如何處理？

◆　若法令及法規有要求時，是否依規定完成溝通工作？

8.2.2　決定產品與服務的要求

◆　如何決定顧客的要求，並明確化(客戶滿意度調查是否落實)？

◆　為確保預期或特定使用之顧客要求？組織如何決定？

◆　適用之法令及法規要求產品相關責任之文件清單是否已建立？

◆　組織是否有考量為必要的任何附加要求？

8.2.3　產品與服務需求

◆　在投標、合約或訂單確認前，是否進行產品要求審查？

◆　合約或審查記錄中是否已明確規定顧客要求，並確保相關環節均已瞭解？

◆　口頭或 e-mail 接單如何處理？有無記錄及確認？

　　◆　如何證明在審查中存在雙方不一致之處已有效解決？

審查方式如何規定？

8.2.4　產品與服務要求的變更

◆　若產品與服務的要求產生變更時，組織如何確保相關的書面資料已進行修改？

◆　產品要求變更如何規定？如何傳達至相關部門？

　　◆　如果確保相關人員知道已變更的要求？

◆　變更結果，如何追踪確認並加以記錄？

8.3　產品與服務的設計和開發

◆　每項設計與開發活動是否建立書面計畫，並規定活動、進度及權責？

◆　必要的資源，包括場所、設備、設施、技術、人力等是否充份？

◆　參與活動之部門、人員間之界面關係是否明確訂定？

◆　以何種方式相互傳遞資訊？

◆　輸入之要求是否文件化，包括：

　　▪　功能和性能的要求

　　▪　法令、法規和標準

　　▪　以往類似之設計資訊

　　▪　產品要求審查之結果

　　▪　輸入文件之審查

◆　新產品之研發設計，是否完成市場可行性評估？

◆　新產品專案，是否提供開發管制表，並由專人負責？

◆　新產品開發提案書，是否提出討論？

◆　設計輸出文件發出時，是否進行審查及核准？

　　▪　驗收標準

　　▪　產品安全及使用之產品特性

◆　設計和開發的輸出應以輸入進行適當確認之形式來提供,設計之形式是否與輸入相符？

- ◆ 是否進行適當階段的審查，是否依程序規定進行，對問題如何處理、落實、有效，審查結果記錄是否完整？
- ◆ 設計管制如何進行，結果是否符合輸入要求？不符合時，如何處理？
- ◆ 設計輸出前，是否作技術可行性評估？
- ◆ 設計輸出後，是否執行設計審查？
- ◆ 設計確認如何進行，不符合時，如何處理？
- ◆ 設計變更如何進行，權責為何？是否進行必要驗證，評估其影響？是否及時通知相關部門或人員？是否記錄變更的審查結果及後續措施？

8.4 外部供應之過程、產品與服務的管控

- ◆ 是否建立供應商一覽表？
- ◆ 供應商的選擇和定期評估準則，程序書如何規定？
- ◆ 評估結果是否有記錄？
- ◆ 採購文件，是否清楚地包含訂購產品的資訊？
- ◆ 採購產品的驗證(IQC)，如何確定和實施？
- ◆ 原物料、零件及服務活動之所有供應商，是否進行鑑別及評估？
- ◆ 外部供應之委外加工(協力商)，是否進行鑑別及評估？
- ◆ 在供應商貨源地驗證時，採購文件是否規定要求的驗證安排及產品放行方式？

8.5 生產和服務提供

8.5.1 生產與服務提供的管控

- ◆ 產品特性的資訊是否有明確規定？是否能為相關人員/場所獲得？
- ◆ 既定之產品特性及製造參數是否依管制計畫進行？
- ◆是否有實施產品放行、交貨和售後的活動？

8.5.2 識別和可追溯性

- ◆ 標識和追溯性的具體方法、方式是否明確規定及實施？
- ◆ 追溯性有要求時，其標識方式、方法是否為唯一性，並進行了管制並維持記錄？這些記錄是否可追溯至：
  - ▪ 採購產品的來源
  - ▪ 產品實踐過程的歷史
  - ▪ 最終產品分佈和場所

- 相關量測及監控記錄
◆ 是否規定如何標識在產品實現之全程以量測和監控的狀況？
◆ 操作人員是否瞭解，標識方式如何？
◆ 產品異常是否有明顯的，足以引起相關人員注意的狀況標識？
1) 鑑別的目的是為了防止不同產品的混淆。標識方法有色標、標籤、標牌、指示性標識。
2) 涉及產品檢驗、驗證時，應識別產品檢驗狀態，如待檢、合格、不合格、維修、報廢。
3) 檢驗狀態的鑑別方法，如標籤、印章、區域、標牌、隨產品的記錄。
4) 有可追溯性要求時，應在產品上加唯一性標誌並作記錄。

8.5.3 客戶或外部供應商資產
◆ 客戶提供財產在接收前是否進行驗證？(量測、檢查、數量、標識)
◆ 客戶提供財產的儲存和維護，是否有規定及實施？
◆ 客戶提供財產發現遺失、損壞或不適用時，是否記錄並通知客戶？
◆ 客戶智慧財產權及個人資料是否明確規定妥善管理方式並維持紀錄？

8.5.4 維護
◆ 是否於適當時規定產品在各項內部活動和最終交貨至目的地的相關標識,來維持對要求的符合性？
◆ 防止產品損壞或變質，是否採取有效的搬運方法？
◆ 產品特性規定，是否規定包裝要求並實施？
◆ 是否提供適宜的儲存場地，防止產品損壞或變質？
◆ 是否建立產品出入庫的管理規定及實施？
◆ 是否採取有效的保管方法？
◆ 是否對產品採取有效的防護措施？權責是否明確？
◆ 倉儲之分佈，是否有明確之標示，如成品區、半成品區、原物料區、出貨區、待處理區等？

8.5.5 交付後的活動
◆ 是否對特殊製程進行識別和驗收，以證實其有效性和可接受性？
◆ 過程是否規定驗收方法(OQC)、使用的程序及記錄要求？

◆ 是否保存必要的過程、設備、驗收人員資格的記錄？

◆ 需要時，是否進行再驗收？

◆ 產品如何放行和交貨(放行規範)，是否有明確規定？

◆ 是否實施適當的產品，交貨後活動(教育訓練、使用說明.....)？

8.6 產品與服務放行

◆ 是否確定滿足客戶要求的過程，進行鑑別？

◆ 每一過程是否分析及確認，從輸入到輸出的活動及資源？

◆ 是否訂定量測和監控的相關操作文件(檢測規範)？

◆ 每一個過程其採用之方法、設備、工具、環境要求、頻率、人員資格(QC 人員資格)等，是否能滿足品質管制？

◆ 量測和監控活動之相關記錄(IPQC)，是否能證明過程具有持續能力來滿足預期目標？

◆ 是否訂定相關文件來(檢測規範)，實施產品特性的量測與監控？

◆ 使用之放行準則是否文件化(放行規範)，以確實反應產品特性要求？

8.7 不符合輸出之管控

◆ 是否訂定書面規定，來標識和管制不符合要求之產品？

◆ 防止不符合產品之非預期使用或交貨，程序是否明確規定？

◆ 不符合產品是否有依程序管制？

◆ 不符合產品處置是否有相關記錄？矯正後是否重新驗證並記錄？

◆ 產品交貨或使用後發生的不符合狀況，是否採取措施？

◆ 是否追蹤不符合的結果及記錄？

◆ 交貨或使用不合格要求的產品時，是否向客戶、最終使用者、法定機構或其它機構的認可(客訴退貨處理方式，如 8D report)？

1. 產品規劃內容包括哪些？

2. 組織與客戶溝通應包含哪些？

3. 說明設計與開發流程五大階段。

4. 不合格品管制方法有哪些？

5. 產品與服務標識方式為何？

6. 客戶或外部供應商資產，控制重點包含哪些？

7. 組織應與外部供應商溝通相關要求為何？

Chapter **9**

績效評估

第九章主要說明 ISO 9001：2015 品質管理系統之 9.1/9.2/9.3 條款。公司的品質管理系統應建立完善的自我管理與監督機制，以便及時取得有關產品的訊息，透過資料分析、問題鑑別、改善處理等過程，使品質管理系統持續有效運作，讓產品更能滿足顧客要求。本章主要描述量測分析和改善過程的品質管理系統要求。以下為本章節研讀重點：

1. 了解量測、分析與改善的意義。
2. 顧客滿意之重點、意義與統計。
3. 顧客滿意度與其他相關之統計資料分析。
4. 公司內部稽核之相關重點與注意事項。
5. 管理審查輸入、輸出之重點與注意事項。
6. 確保品質管理系統持續的適切性、充分性、有效性及一致性。

9-1　監控、量測、分析和評估

✂ 條文內容 ✂

> **9.1　監控、量測、分析和評估**
>
> 9.1.1　概述
>
> 　　組織應決定
>
> 　　a) 監控和量測的對象
>
> 　　b) 監控、量測、分析和評估的方法及其有效性
>
> 　　c) 監控和量測執行時機
>
> 　　d) 監控和量測結果分析及評估時機
>
> 　　組織應評估品質管理系統的品質績效與有效性。
>
> 　　組織應保留適當文件化資訊，作為結果之證據。

✂ 條文解析 ✂

1. 公司應規劃並實施監控、量測、分析和評估的過程。
2. 為實施此過程，公司應進行規劃。此過程規劃不單只是累積訊息，要能證實產品的符合性、要能確保品質管理系統的符合性、及持續改善品質管理系統的有效性。一般要考慮監控、量測、分析和評估活動之項目、內容、方法、頻率和必要之紀錄。

3. 執行方式：

(1) 量測是與數據有關的，但也並非所有過程與產品都能適用於量測(如員工工作能力)，所以公司應鑑別並規劃哪些過程需要進行量測。

(2) 量測分析的對象應包括顧客滿意度的量測與監控、對於品質管理系統之稽核結果、產品檢驗與驗證結果、過程的量測與監控等。而其輸出是管理審查與持續改善之過程。

4. 為確保量測所收集的數據之完整性與準確性，應使用適當的統計技術作分析。

5. 關鍵績效指標(Key Performance Indicate；KPI)

關鍵績效指標必須能夠含概管理上的意義，讓管理者以及被管理者能夠清析界定和衡量其目標的執行成效，以此衡量營運的績效，與反映出組織的關鍵成功要素。

關鍵績效指標(KPI)是一種量化指標，可反映出組織的關鍵成功因素。KPI 指標的選擇會隨著組織的型態而有所不同，但無論組織選擇何種指標做出 KPI，該指標都必須能與組織目標相結合，並且能夠被量化衡量。

- KPI 主要包含了幾個重要成分：
  - 原始值(趨勢)
  - 目標值(達成率)
  - 實際數
  - 衡量方式
  - 管理者

9.1.2　顧客滿意度

∞ 條文內容 ∞

> ### 9.1　監控、量測、分析和評估
>
> 9.1.2　客戶滿意度
>
> 　　組織應監控客戶對其需求及期望是否被充分達成之感受程度，且應決定如何獲取、監控和審查此資訊。
>
> 　　組織應決定與使用資訊的方法。
>
> 註：監控客戶感受程度的範例，可以包含客戶考查、客戶對服務與產品遞送的回饋、與客戶之會議、市場佔有率分析、客戶抱怨、保固請求、經銷商報告等。

∞ 條文解析 ∞

1. 顧客的回饋對於公司監控與量測品質管理系統的績效與改善提供一個很重要的訊息。最高管理階層應確保識別並滿足顧客提供之訊息與要求，並藉此衡量公司品質管理系統之有效性。

2. 公司應監控顧客滿意要求方面的資訊，作為品質管理系統績效的一種量測，這些訊息包括正面(滿意)與負面(不滿意)之訊息，如：對公司產品品質、交付和服務方面直接和間接反應之狀況、當然也包含顧客需求和期望意見、客戶聲音、市場動態、甚至競爭對手之訊息。

3. 顧客訊息，可從下列管道取得：
   (1) 顧客意見(包括顧客投訴與意見，應注意顧客若無抱怨並不代表顧客滿意)。
   (2) 與顧客直接溝通後取得產品相關資訊(如：顧客對產品之要求與期望、產品規格與效能之要求、產品交付狀況、產品服務狀況等)。
   (3) 問卷調查。
   (4) 市場調查(如：市場佔有率、與競爭對手分析、顧客流失率、收益率、費用狀況)。
   (5) 產品使用後訊息(如：產品品質訊息、產品損壞程度、產品維修狀況、產品操作狀況、產品使用後之狀況等)。

4. 統計技術之運用：公司應決定資訊搜集的方法和運用，收集到的訊息應加以分析利用，例如選擇適當的方法進行統計分析，確定顧客滿意度之趨勢，分析是否達到既定之目標以及未達成目標之差距並進行原因分析，將問題歸納整理，作為品質管理系統績效及改善之依據。公司應確定利用這些訊息所使用之統計方法、抽樣方式、調查頻率與職責。

5. 一般組織皆以客戶滿意度之統計平均分數，列為年度目標(KPI)，並增加調查者之效度，提供問卷之回收率。

範例說明

企業需評估客戶滿意度以做爲不斷改善的動力，其調查的重點與執行方式如圖 9-1、表 9-1 所示。

客戶滿意度＝

調查對象　＋　調查頻率　＋　調查方式　＋　滿意度之展現
重要客戶　　　　半年？　　　語音、問卷　　圖、表、數值
關鍵品質　　　　一年？　　　網路

圖 9-1　客戶滿意度重點

▼　表 9-1　顧客滿意度調查表

顧客滿意度調查表							
客　　戶				聯絡電話			
填表日期				填　表　人			
訪查方式	□當面拜訪　　　□寄發問卷　　　□電話訪談　　　□E-mail　　　□Line　　　□其他						
	查訪內容		回　　　覆				評分
1	與本公司聯絡方式是否滿意		□非常滿意□滿意□尚可□不滿意□非常不滿意				
2	對本公司業務人員的服務是否滿意		□非常滿意□滿意□尚可□不滿意□非常不滿意				
3	產品品質穩定度		□非常滿意□滿意□尚可□不滿意□非常不滿意				
4	產品交期之準時性		□非常滿意□滿意□尚可□不滿意□非常不滿意				
5	品質問題之解決能力		□非常滿意□滿意□尚可□不滿意□非常不滿意				
6	處理緊急事項之應變能力		□非常滿意□滿意□尚可□不滿意□非常不滿意				
7	對本公司售後服務品質		□非常滿意□滿意□尚可□不滿意□非常不滿意				
8	對本公司客戶抱怨處理		□非常滿意□滿意□尚可□不滿意□非常不滿意				
9	業務人員之專業能力		□非常滿意□滿意□尚可□不滿意□非常不滿意				
10	對本公司之整體印象		□非常滿意□滿意□尚可□不滿意□非常不滿意				
其他建議：							總分

9.1.3 分析和評估

∽ 條文內容 ∞

> **9.1 監控、量測、分析和評估**
>
> 9.1.3 分析和評估
>
> 組織應分析和評估由監控、量測所獲得的適當資料與資訊。
>
> 分析結果應被使用於評估：
>
> a) 產品與服務的符合性；
>
> b) 客戶滿意程度；
>
> c) 品質管理系統的績效與成效；
>
> d) 規劃是否被確實實施；
>
> e) 對修正風險與機會所採取的行動執行成效；
>
> f) 外部供應商的績效；
>
> g) 品質管理系統改善的需要。
>
> 註：分析資料的方法可包括統計法。

∽ 條文解析 ∞

1. 為了確保品質管理系統運作之有效性與持續改善，公司應該要蒐集、和分析與產品及品質管理系統運作過程有關之數據。

2. 資料收集來源：公司內部量測與監控活動、產品實現過程、與顧客和供應商有關之過程、外部市場與競爭對手相關之數據，公司應評估一個可以實施其持續改善之有效性的品質管理系統，並建立決定、蒐集和分析適當資料的文件化程序，明訂蒐集的管道、方法與頻率。

3. 資料收集內容包括：

   (1) 與公司產品品質有關之數據：如品質紀錄、不合格品比率、檢驗不良率、產品製造與監控之數據、客戶相關回饋訊息等。

   (2) 與公司運作有關之數據：內部稽核結果、每一個過程運作之相關訊息、管理審查結果、設計輸出結果、製程能力與結果分析。

   (3) 市場分析之數據：如同類產品之動態、競爭對手之分析、產品之市場佔有率等。

4. 資料分析方式：公司應對於所蒐集的數據應選用適當的統計技術分析。

5. 資料分析必須提供相關資訊，包括以下資訊：

    (1) 顧客滿意度：包含客戶正面與負面回饋資訊、顧客滿意狀況。

    (2) 符合產品要求：如相關製造與檢驗數據、不良品比率、是否可以滿足產品之要求。

    (3) 過程和產品的特性和趨勢，包括採取預防行動的機會：如產品之變化趨勢與特性，是否有改進的機會。

    (4) 供應商：如過去一年供應商之表現、品質與交貨狀況。

6. 資料維持：應維持資料數據分析與結果的紀錄。

7. 資料分析對應條文，

    a) 產品與服務的符合性；(條文 8.1)、

    b) 客戶滿意程度；(條文 9.1.2)、

    c) 品質管理系統的績效與成效；(條文 4.4.1)、

    d) 規劃是否被確實實施；(條文 6.2.2) 、

    e) 因應風險與機會所採取的行動執行之成效；(條文 6.1.2)、

    f) 外部供應商的績效；(條文 8.4.2)、

    g) 改善品質管理系統的需要；(條文 10.3)

範例說明

資料分析是由收集資料經過統計技術的分析及評估，而後選擇改善的方案(如圖9-2)。

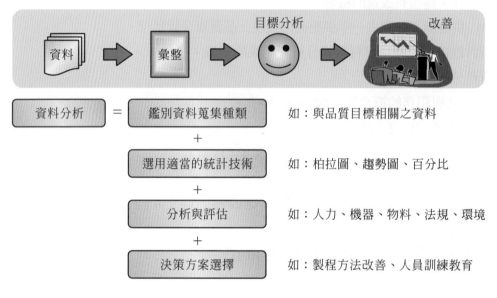

▲ 圖 9-2 資料分析重點

國際標準驗證
International Quality Management System

項次	管制流程	統計技術應用	權責單位	核准
1	新產品開發	CPk/FMEA/QC 七手法	工程部	工程部主管
2	成品不良率	包裝生產日報表 月報不良統計	品保部	品保部主管
3	客退品/客戶抱怨	退貨單/客戶抱怨處理單 (客戶抱怨件數推移圖)	業務部/ 品保部	業務部主管 品保部主管
4	儀器校正	校正報告(含內/外校)	品保部	品保部主管
5	客戶滿意度調查	客戶滿意度調查彙總評分表	業務部	業務部主管

9-2　內部稽核

∞ 條文內容 ∞

9.2　內部稽核

9.2.1　組織應依照計畫定期執行內部稽核，以提供資訊來瞭解品質管理系統是否：

    a)　符合

        1)　組織之品質管理系統的要求；

        2)　國際標準的要求；

    b)　有效實施與維持。

9.2.2　組織應：

    a)　規劃、建立、實施及維護稽核計畫，包含頻率、方法、責任、計畫要求及報告，也需考量相關過程的重要性、影響組織的變更及前次稽核結果；

    b)　定義每一場稽核活動的稽核準則與範圍；

    c)　選定稽核員並執行稽核，以確保稽核過程的客觀和公正

    d)　確保稽核結果已向相關管理者報告；

    e)　及時採取適當的改善與矯正行動

    f)　保存文件化資訊做為稽核計畫實施與稽核結果的證據

註：請參考 ISO 19011.

❧ 條文解析 ❧

1. 內部稽核的主要目的是為了確認品質管理系統是否達到規定的要求，及時發現問題並採取矯正預防措施，使品質管理系統持續有效的運作。

範例說明

內部稽核整個過程之目的與執行方法，如圖 9-3 所示。

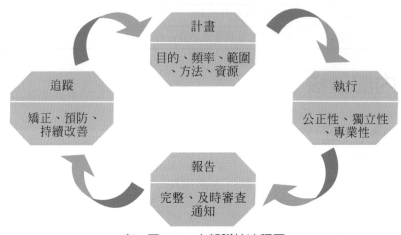

▲ 圖 9-3　內部稽核流程圖

2. 內部稽核之目的：
   (1) 確認品質管理系統是否符合產品與服務要求(本標準 8.2 條款)之安排、是否符合本標準之要求、是否符合公司所確定之品質管理系統之要求。
   (2) 確認品質管理系統是能否有效的實施與維持。

3. 稽核三大關鍵：
   (1) 建立稽核檢表。
   (2) 證據尋求。
   (3) 稽核判斷。

4. 內部稽核之規劃與實施(其簡單流程，目的>要求>規劃>執行>查證>改善)：
   (1) 稽核規劃時間：按照公司需要而訂定，但兩次完整內部稽核間隔時間最多不得超過一年。

(2) 稽核內容規劃：包括稽核目的、範圍、頻率、標準(依據)、時間、方法、人員之規劃，規劃時應考慮稽核區域之大小、稽核活動地點的情況、重要性、過程的複雜程度、與以往稽核的結果來安排適當的稽核行程。

(3) 稽核人員要求：包括人員職責與資格、稽核分工狀況、稽核員不應稽核自己的工作、需有公正客觀的要求等。

(4) 稽核的實施：包括稽核準備、稽核計畫、稽核方法、現場稽核等。

(5) 稽核結果報告：包括稽核時的發現、稽核結論、向高階管理者報告、提交管理審查報告等。

(6) 稽核後之矯正措施：根據稽核發現所採取之矯正與預防措施，追蹤活動。

(7) 根據矯正措施所採取之行動，進行追蹤與確認是否已完成改善。

(8) 稽核紀錄：稽核相關紀錄如：稽核規劃、現場觀察紀錄、稽核結果、矯正欲預防措施紀錄、驗證措施報告等，應進行記錄與妥善保存。

範例說明

公司的內部稽核需預先的告知，故須先安排內部稽核計畫，包括稽核的時間、地點、受稽核的部門、稽核的範圍、稽核小組、稽核的方法等，讓公司各部門都知到，預先進行稽核時的準備(如表 9-3)。

▼ 表 9-3 內部稽核計畫表

內部稽核計畫表					
年度別	_____年	次數別	第_____次	製表日期	年___月___日
稽核時間	自_____月_____日至_____月_____日			受稽核部門	
稽核人員					
計畫內容					
項次	受稽核單位	稽核員	稽核時間	稽核項目	
起始會議 結束會議	_____年_____月_____日；時間：_____ _____年_____月_____日；時間：_____			地點	

4. 稽核證據：與稽核有關且能夠證明稽核之紀錄、事實陳述或其他相關訊息。

範例說明

內部稽核是針對公司品質管理系統是否有效的實施與維持做確切的查核，以下為簡要的品質管理系統查檢表(如表9-4)。

▼ 表9-4　內部稽核查檢表

受稽核部門		管理部	稽核日期		2023 年 06 月 07 日	
稽　核　員		○×××	文件名稱		文件資訊管理程序 QP750	
項次	稽核項目內容		判定		不符合狀況說明	矯正單編號
			符合	不符合		
1	文件經頒佈發行之，是否文件管理中心以「文件總覽表」列印管理；並蓋上「發行章」後發行？		V			
2	文件經制訂及廢止時；是否記錄於「部門文件分發、回收管制表」；並進行管制？		V			
3	原稿文件是否由文件管制中心完整保存？		V			
4	各單位回收之舊版文件是否由文件管制中心統一銷毀？		V			
5	各保管單位所使用之各項品質記錄表單；是否依實際需求編制索引或歸檔，以尋找方便為原則？		V			

國際標準驗證
International Quality Management System

範例說明

內部稽核後會發現一些不符合的事項，根據這些不符合的狀況填寫如表 9-5 內部稽核不符合報告書，讓不符合部門在期限內執行改進，一般改進時會分析不符合的原因，以及執行矯正措施，稽核員需在矯正完成後執行是否改善的確認。

▼ 表 9-5　內部稽核不符合報告書

內部稽核不符合報告書				
被稽核單位		報告序號		
稽 核 日 期	年　月　日	稽　核　員		
不符合事項				
品質系統章節： 不符合內容：				
受稽核部門主管：				
原因調查及矯正措施				
原因				
矯正				
受稽核部門主管：　　　　　　　　　預計改善完成日期：				
改善確認				
確認結果：　□結案 　　　　　　□再提出				
稽核員簽字： 日期：				

5. 稽核依據：可依據方針、程序或要求執行。例如依據，請參考 ISO 19011、ISO 10011-1、ISO 10011-2、ISO 10011-3 品質稽核相關法規、公司制訂的品質系統稽核程序、適用的法規或標準與產品有關的標準或要求等執行稽核。

9-3 管理階層審查

> ### 9.3 管理階層審查
>
> 9.3.1 概述
> 高階管理者應按計畫與組織策略方向定期地審查組織的品質管理系統,以確保其持續的適切性、充分性、有效性及一致性。

෮ 條文解析 ෫

1. 管理審查是最高管理階層為確定品質管理系統達到規劃目標的適切性、充分性與有效性,而對品質管理系統進行系統性的審查。本條款提出對管理審查活動的要求,更強調了品質系統實施的表現。

2. 管理審查之目的:管理審查的目的是對品質管理系統是否按照規劃時間進行系統性的評價,以提出及確定各種改善和變更的需要,進而確保品質管理系統能保持持續的適切性、充分性和有效性。

3. 企業對管理審查活動之要求:

   (1) 確保品質管理系統持續適切性

   由於企業所處的外部客觀環境不斷變化,包括:
   ・品質概念或品質管理系統要求的變化。
   ・客戶要求或期望之變化。
   ・市場情況之變化。
   ・先進技術之出現。
   ・法律、法規或產品標準之變化。

   另外,企業的內部環境也有可能不斷變化,包括:
   ・最高管理階層人員的變動(如:總經理、管理代表之變動)。
   ・企業架構與權責之變化。
   ・企業規模的變化(如:人員之擴大)。
   ・產品的變化。
   ・新技術或新方法的採用。

‧新設備、新的生產線採用引起的資源等基礎建設之變化。

當有上述這些變化時，必然導致品質政策與品質目標之變更，為確保品質管理系統能持續適切，企業應對過程重新識別與確認，並及時調整企業實施的品質管理系統。

(2) 確保品質管理系統持續充分性

在審查品質管理系統時，需鑑別所有的過程是否已被識別並適當的規定：權責是否已被分派、所使用資源的狀況…等。在管理審查中，組織會發現許多需持續改善者，這些持續改善會涉及對產品實現過程或系統現狀之評價與分析、改善目標之建立、改善方法的提出、或新過程之需求與建立。在持續改善所實施的活動中，可能有許多原有品質管理系統沒有考量的活動，也就是在原有品質管理系統的架構可能有不充分、不完整的狀況，而管理審查活動就是要發現這些不充分的狀況，才能提出更進一步之改善措施。

(3) 確保品質管理系統持續有效性

有效性是依據規劃而完成規劃結果的活動，並測量是否達到預期成果。品質系統運作之有效性是指完成品質系統所需要的過程或活動，也就是達到品質政策與品質目標之程度。為判定企業品質管理系統是否達到預定目標，就必須把顧客回饋、過程績效、產品的符合性等作為管理審查輸入要件，並與制訂的品質政策是否達成與品質目標績效之成果，以判定品質管理系統運作之有效性。

4. 評鑑企業的品質管理系統改進及變更的需要

(1) 企業最高管理階層在確保品質管理系統持續運作之適切性、充分性、有效性的審查過程中，應對於發現的各種改善或變更需要進行評鑑，這些可能包括：

‧ 由於企業內外部環境變更可能會發現品質管理系統的不適切，如品質政策、品質目標或品質管理系統不適切；

‧ 導致品質管理系統需要進行改善，原因有：基於持續改善的需要、作業過程未被鑑別、或已鑑別的過程但未充分發展、及企業現行品質管理系統的某些過程之不足。

‧ 可能發現品質政策與品質目標不切實際而導致對政策與目標進行修正之需要。

5. 企業應對以上管理審查的輸入與輸出予以記錄，並按文件資訊管理程序的要求加以管制。

9.3.2　審查輸入

> 9.3.2　管理審查輸入
>
> 管理審查應被規劃並考量下列事項後執行：
>
> a) 先前管理審查決議行動的執行狀況；
>
> b) 有關品質管理系統外部與內部議題之變更；
>
> c) 品質管理系統的績效與成效資訊，包括下列趨勢：
>
>   1) 客戶滿意及利害關係者之回饋；
>
>   2) 達成品質目標的程度；
>
>   3) 產品與服務的過程績效與符合性；
>
>   4) 不符合與改正行動；監控與量測結果；
>
>   5) 監控與量測結果；
>
>   6) 稽核結果；
>
>   7) 外部供應商的績效；
>
> d) 資源的適合性；
>
> e) 針對機會和風險所採取行動之有效性(參 6.1)；
>
> f) 修正機會。

∞ 條文解析 ∞

1. 審查輸入是為管理審查提供充分和準確之訊息，是管理審查有效實施的前提。本條款規定了管理審查輸入之訊息。

2. 管理審查輸入的訊息，應包括：

  (1) 稽核結果(包括第一方、第二方、第三方稽核等)。

  (2) 顧客回饋(包括顧客滿意度測量結果、顧客抱怨等)。

  (3) 過程績效和產品的符合性，亦即一個過程透過資源的投入和活動的展開，將輸入轉化為輸出，進而實現且達到預期成果的狀況。產品的符合性，指符合客戶、法律法規及自身要求等。

  (4) 風險分析及矯正措施之狀況。

  (5) 以往管理審查之結果與追蹤措施實施狀況。

(6) 可能影響品質管理系統的各種變化(包括上述內、外部環境狀況之變化)。

(7) 由於各種原因而引起有關企業的產品、過程和品質系統改善之建議。

3. 上述之輸入要件和預期目標之差距，應考量各種可能改進方法。除上述輸入之要件外，企業也可藉由市場訊息、所處地位、競爭對手之狀況等，找出企業可改進之方向。

9.3.3　審查輸出

∾ 條文內容 ∾

> 9.3.3　管理審查輸出
>
> 管理審查輸出應包含與下列有關的決定和行動：
>
> a) 改善的機會；
>
> b) 變更品質管理系統的任何需要；
>
> c) 所需資源；
>
> 組織應保留文件化資訊做為管理審查結果的證據。

∾ 條文解析 ∾

1. 本條款闡述管理審查活動之結果，進而導出組織對品質管理系統、產品、過程及資源需求的持續改善，高階管理者依審查輸出的結論，對品質管理系統以及經營方針做出重要決策。

2. 管理審查之輸出，應包含：

(1) 品質管理系統及其過程有效性之改善決定和措施
依據管理審查輸入的訊息，經過審查活動，評估品質管理系統之適切性、充分性與有效性之結論，並提出組織對現有品質管理系統及過程有效性變更、品質政策與品質目標之修正需要及改善措施。

(2) 與顧客要求有關產品的改善和變更措施
包括客戶明訂或未明訂及法律法規的要求,管理審查可能導致上述三方面之有關產品要求的變更,總之必須對此變更措施做出有關之決定。

(3) 資源需求的決定和措施
企業應對內、外部環境之變化或潛在變化，考慮目前與未來的資源需求，為品質管理系統的持續適切性、充分性與有效性提供基本的保證。

範例說明

企業每年必須至少舉行一次管理審查會，除了將 ISO 9001：2015 所規定的管理審查輸入內容納入管理審查會執行討論外，同時也可配合公司財務單位，討論成本與效益的議題；另外，管理審查會議不一定要刻意的舉行，可以將此會議融入公司定期會議中。管理審查會議在開會前也需要作計畫，在開會前需將預定開會的內容爲何？需要討論或審查的內容有些？各部門相關的準備事項爲何？相關的數據或統計資料是否已做過分析？管理審查過程中，需依照計畫討論事項進行討論，而會議所產生的輸出或結論，則需進行記錄，企業可以根據本身的需要，設計一個管理審查會的流程以及紀錄方式，例如圖 9-4、表 9-5 流程說明。

執行步驟	管理要項與重點說明	權責人員	相關文件
管理審查通知	由管理代表負責計畫管理審查時間並通知各部門準備審查事項。	管理代表	通知或公告
管理審查準備	各部門依據管理審查輸入要項準備報告內容。	部門主管	各部門報告與統計分析附件
執行管理審查	總經理依據品質計畫表與審查輸入事項，逐一審查。	總經理	會議紀錄
修正目標	修正公司或部門執行目標。	總經理	會議紀錄
管理審查決議	總經理依據管理審查討論結果與審查輸出事項做成決議。	總經理	會議紀錄
記錄			
執行追蹤	紀錄審查召開之結論、追蹤狀況。	指定人員	管理審查表會議紀錄

▲ 圖 9-4　管理審查流程範例

國際標準驗證
International Quality Management System

▼ 表 9-6　會議紀錄表

(管理審查會議)會議記錄表

主席：				
地點： 會議室		記錄：		
實到人數：		出席率：　　%		
人員簽到			總經理裁示：	
項　目　／　決　議	會議摘要	負責單位		完成期限
1. 品質目標檢討與修正	如會議記錄	管理代表		
2. 內部稽核結果	如會議記錄	管理代表		
3. 以往管理審查會議決議事項追蹤情形	如會議記錄	管理代表		
4. 客戶滿意及利害關係者之回饋	如會議記錄	業務部		
5. 不符合與矯正行動	如會議記錄	品保部		
6. 外部供應商的績效	如會議記錄	採購部		
7. 風險與機會所採取行動之有效性	如會議記錄	管理代表		
8. 資源適切性				
9. 組織背景內、外部議題討論				
10. 臨時動議	如會議記錄	管理代表		
備註：				

9 績效評估 ∞ 稽核重點 ∞

9.1.2 客戶滿意度

◆ 是否規定和實施對客戶滿意監控的活動？(搜集資訊的方法，責任部門，傳遞管道，處理要求)

◆ 客戶滿意度是否訂定衡量指標(列為 KPI)？

◆ 客戶滿意度是否訂定效度(即回收率)？

◆ 未達衡量目前是否作矯正措施和持續改善的輸入？

9.1.3 分析與評估

◆ 資料的搜集、分析的權責、程序、方法及統計分析記錄等，是否於文件明確獲得？

◆ 數據之搜集，是否包括量測和監控活動或其它品質活動的資訊？

◆ 分析與評估，是否證實量測和監控活動之結果？

◆ 是否依標準提供資料分析的資訊，包括 9.1.3(a)-(d)之相關資料？

◆ 是否依據資料分析後之資訊，進行品質管理系統適切性及有效性的評估？

9.2 內部稽核

◆ 是否制定書面化的，內部品質稽核文件程序？

◆ 是否定期舉行，以確保品質管理系統之適切性及有效性？

◆ 內部品質稽核程序是否涵蓋如何執行、確保獨立性、稽核結果及提報管理審查？

◆ 是否明確訂定稽核範圍、頻率及方法？

◆ 是否考慮稽核活動和區域的重要性、現況及以往稽核的結果？

◆ 稽核人員，是否具備應有的能力及資格(證書)？

◆ 稽核發現的不符合事項，是否及時採取任何必要的矯正措施及矯正行動？

◆ 內稽不符合時，是否有矯正措施？

◆ 矯正措施的有效性，是否追蹤驗證活動和對驗證結果的報告？

9.3 管理審查

9.3.1 概述

◆ 高階管理者是否參與管理審查？

◆ 是否明確訂定管理審查的期限？

◆ 如何確保品質系統運作之有效性、適切性及充份性？

◆ 管理審查是否評估品質管理系統所需要的改變，包括品質政策及目標。

9.3.2 審查的輸入

◆ 是否依標準的要求，審查(a)～(f)之要項。

9.3.3 審查的輸出

◆ 管理審查輸出是否包括管理系統、過程、產品的改善？

◆ 管理審查輸出是否涵蓋資源需求的檢討？

◆ 管理審查是否依程序規定執行並保存記錄？

習 題

1. 顧客滿意度的收集可由何種方法獲得？

2. 內部稽核必須基於何種原則來安排稽核計畫？

3. 資格條件為何才可勝任內部稽核工作？

4. 資料分析可包含哪些方面？

5. 何謂管理審查？

6. 管理審查輸入、輸出主要的內容為何？

改善

- 10-1　概述

- 10-2　不符合和矯正行動

- 10-3　持續改善

- ISO 9001：2015 稽核重點

第十章主要說明 ISO 9001：2015 品質管理系統之 10.1/10.2/10.3 條款。公司的品質管理系統應建立完善的自我管理與監督機制，以便及時取得有關產品的訊息，透過資料分析、問題鑑別、改善處理等過程，使品質管理系統持續有效運作，讓產品更能滿足顧客要求。本章主要描述分析和改善過程的品質管理系統要求。以下為本章節研讀重點：

1. 審查所採取矯正行動的有效性。

2. 組織應持續改善品質管理系統的適切性、充分性和有效性。

3. 組織應考量資料分析、評估及管理審查結果，以決定是否有其它需要或機會應列入持續改善的一部份。

4. 當不符合發生時，組織應規劃時更新風險及機會決策。

5. 不符合事項肇因與管制。

6. 評估消除不符合事項肇因之措施需求，以使其不再發生或是不在別處發生。

10-1　概述

&ɔ 條文內容 ǝ

> ### 10.1 概述
>
> 組織應決定與選擇改善機會且實施任何必要行動，以達到客戶要求與強化客戶滿意，行動應包括：
>
> a) 改善產品與服務以達到要求並同時修正未來需求與期望；
>
> b) 矯正、維護或減少負面影響；
>
> c) 改善品質管理系統的績效。
>
> 註：改善的範例可以包括修正、矯正行動、持續改善、重大變更、創新及重新組織。

&ɔ 條文解析 ǝ

1. 改善措施之展開可以促進公司品質管理系統的持續改善。

2. 建立風險評估之程序文件：公司應建立相關程序，針對潛在不符合之原因採取適當的風險管控，以防止不符合狀況發生。

3. 風險管控的實施應採取下列步驟：

   (1) 決定潛在不符合和其原因。

   (2) 評估所需的行動，以預防不符合發生。

(3) 決定和實施所需預防行動。

(4) 調查和採取行動結果之記錄。

(5) 審查所採取的預防行動與其有效性。

(6) 採取行動結果之記錄。

(7) 審查所採取的矯正行動。

4. 改善的經由改善實現(如矯正措施)，逐漸地(如持續改善)逐步改變 (如突破)，創造性(創新)或重組(轉化)。

10-2　不符合及矯正行動

> ## 10.2 不符合及矯正行動
>
> 10.2.1 當不符合發生時，包含來自於客戶抱怨，組織應：
>
> > a) 對不符合事項作出回應(適用時)：
> >
> > > 1) 採取矯正與管制措施，以及；
> > >
> > > 2) 處理後果；
> >
> > b) 經由下列事項進行評估消除不符合事項肇因之措施需求，以使其不再發生或是不在別處發生：
> >
> > > 1) 審查並分析不符合事項；
> > >
> > > 2) 決定肇生不符合事項的原因；
> > >
> > > 3) 決定是否有類似不符合事項的存在或發生的潛在性；
> >
> > c) 採取任何需要的行動；
> >
> > d) 審查所採取矯正行動的有效性；
> >
> > e) 在規劃時更新風險及機會決策(必要時)；
> >
> > f) 變更品質管理系統(必要時)。
> >
> > 矯正行動應適用於所遇到不符合事項的影響。
>
> 10.2.2 組織應保留文件化資訊做為下列證據：
>
> > a) 不符合事項的特性與任何後續採取的行動；
> >
> > b) 矯正行動的結果。

𝕰 條文解析 𝕮

1. 發生不符合狀況產生之原因，藉由即時展開矯正措施來消除不符合狀況，並防止不符合狀況再次發生，以達到持續改善之目的。

2. 措施之程序文件：公司應建立相關程序，針對現存不符合之原因採取適當的改正措施，避免不符合再發生。

3. 不符合措施應採取下列步驟：

    (1) 審查不符合之原因：包括品質系統運作方面之不符合、顧客意見、抱怨與投訴等。

    (2) 不符合原因的判定：透過調查分析確定不符合之原因。

    (3) 評估所需的行動，以確保不符合不再發生。

    (4) 決定和實施所需的矯正行動：研究並決定可執行的活動。

    (5) 採取行動結果之紀錄。

    (6) 審查所採取的矯正行動：公司應實施 PDCA(或 SDCA)循環，來執行採取的矯正措施。當效果不明確，必要時應採取進一步的原因分析與改善。

4. 矯正措施之處理應考量實施成本、風險與效益之因素。

範例說明

對於目前公司發生的矯正措施之處理皆須執行 8D-Report，，以防止以後再重複的發生。而 8D 之意義請討論。

8D　Report 之意義為：

1. 最早用在民間企業⋯美國福特汽車公司 1987 年首次用書面紀錄 8D 法處理問題，福特在其訓練課程手冊中，將本方法命名：團隊導向的問題解決法(Team Oriented Problem Solving)簡稱 TOPS。

D1	成立改善小組
D2	問題描述
D3	臨時對策(立即防堵措施)
D4	原因調查
D5	擬定永久對策(改善對策)
D6	執行永久對策
D7	永久對策效果驗證 (預防再發生))
D8	結案確認(肯定團隊努力)

2. 8D 問題處理法：8 Disciplines Problem solving【八項步驟問題解決法】

客戶所抱怨的問題→提出永久解決及改善的方法

(常被品保單位運用於客訴回覆依據)

0. Discipline 0. Prepare for the 8D Process 行前準備：判斷是否適用以 8D 程序來解決問題。

1. Discipline 1. Establish the Team 成立小組：通常是跨功能性的，由相關人員組成。

2. Discipline 2. Describe the Problem 描述問題：使用顧客術語定義問題，並利用 5W1H 或 5W2H 方式將問題定義並收集問題資料。

- ✧ 察覺及界定問題
- ✧ 發掘問題的方法
- ✧ 緊急處置的定義
- ✧ 評估與選定主題
- ✧ 活動登記
- ✧ 設定目標
- ✧ 擬定行動計畫
  ① 問題：正常情形下應有的現象與實際上所發生的現象之間的差異。
  ② 主題：1.把欲減少的壞現象，具體化表達，作為改善行動的課題。
  　　　　2.將欲改善的問題著眼點，具體化後，作為行動的課題。

(1) 我們是誰(who)：團隊成員自我的深入認識，明確團隊成員具有的優勢和劣勢、對工作的喜好、處理問題的解決方式、基本價值觀差異等。

(2) 我們在哪裡(where)：分析團隊所處環境來評估團隊的綜合能力，明確團隊如何發揮優勢、回避威脅、提高迎接挑戰的能力。

(3) 我們成為什麼(what)：以團隊的任務為導向，樹立階段性里程碑。

(4) 我們什麼時候採取行動(when)：合適的時機採取合適的行動是團隊成功的關鍵，必須因勢利導。

(5) 我們為什麼(why)：激勵機制引入團隊建設，可以是團隊榮譽、薪酬或福利的增加、以及職位的晉升等，如表 10-1 為 5W2H 法。

(6) 我們怎樣行動(how)：怎樣行動涉及到團隊運行問題。應有明確的崗位職責描述和說明，以建立團隊成員的工作標準。。

▼ 表 10-1 5W2H 法

What	發生什麼事
When	何時發生
Who	與何對象有關(人、事、物)
Where	在何處發生
Why	為什麼發生
How many	發生的次數或數量
How much	損失多大

3. Discipline 3. Interim Containment Action(s)，立即改善缺失，提出臨時對策(並須加以 **驗證確認**)：在問題真正找出問題點之前，應建立和選擇最佳" 臨時抑制措施 "。加以先行控制，避免這段期間再次發生。**緊急處置是短暫的止血措施，實施時效短，不是長期的矯正措施。**

4. Discipline 4. Define and Verify Root Cause and Escape Point 真因調查：依據 D2，針對每一可能原因進行檢討測試以界定根本問題，如圖 10-1 為原因調查順序。

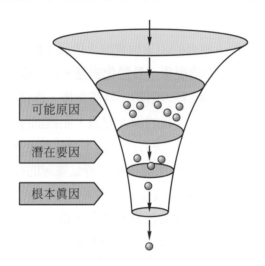

可能原因

潛在要因

根本真因

▲ 圖 10-1 原因調查

5. Discipline 5. Define and Verify Permanent Corrective Actions 擬定永久對策：採取可消除真因的最佳之改善措施。

6. Discipline 6. Implement and Validate Permanent Corrective Actions 執行永久對策：執行永久對策，並確實執行該對策。

7. Discipline 7. Prevent Recurrence 確認不再發生：確認執行效果，並採取預防措施以預防相似問題或系統問題，確認不會再度發生。

8. Discipline 8. Recognize Team and Individual Contributions 肯定團隊與個人貢獻：對團隊努力表達肯定，並完成 8D 報告。

10-3　持續改善

∞ 條文內容 ∞

10.3　持續改善
組織應持續改善品質管理系統的適切性、充分性和有效性。
組織應考量資料分析、評估及管理審查結果，以決定是否有其它需要或機會應列入持續改善的一部份。

∞ 條文解析 ∞

1. 公司應採用適當的方法執行持續改善，以增加顧客滿意度。

2. 為了實現品質管理系統之持續改善，公司應：
   (1)　透過品質管理系統之建立，激勵員工持續改善的動力。
   (2)　確立品質管理系統之政策、目標與改善項目。
   (3)　透過數據分析、內部稽核等尋求改善的機會，並做出改善活動之安排。
   (4)　實施矯正行動措施持續改善。
   (5)　在管理審查中檢討改善之效果，確定新的品質目標與改善之方向，確保與維持品質管理系統的持續適切性和有效性。

範例說明

對於公司發生的矯正措施之處理皆須執行記錄，以防止以後再重複的發生。而矯正行動處理的事件需在管理審查會前，進行統計分析，並在管理審查會中進行討論(如表 10-2 為矯正處理單)。

發生日期	2016/2/14		預計回覆日期		2016/2/14	
發生部門	部門		權責人員			
責任部門	部門		權責人員			
異常摘要			工單號碼(客戶)			
數量			不良數量/不良率			
一、 分析/ 改善小組	組長			成員		
二、 問題 描述	不良樣品提出					
	完成日期: 年 月 日 負責人員: 權責主管:					
三、 立即 防堵措施	項目及處理方式	處理結果			負責人	完成時間
	完成日期: 年 月 日 負責人員: 權責主管:					
四、 原因 分析						
五、 改善 對策	(含水平展開或標準化) 　　　預定完成日期: 年 月 日 負責人員: 權責主管:					
六、 預防 再發生對策	□執行相關之教育訓練與宣導 □檢視並修訂或建立相關之系統、監控系統及標準 □進行管理檢討與監控 　　　預定完成日期: 年 月 日 填寫人: 權責主管:					
七、 對策 效果驗證	預定完成日期: 年 月 日管理代表: 品保部:					
八、 結案 確認	預定完成日期: 年 月 日 填寫人: 權責主管:					
九、 類別	裁定:					
確認者 Checked By		審核 Approved By			結案日期 Closed Date	

國際標準驗證
International Quality Management System

範例說明

公司應該不斷尋求改善的機會，並從中尋找改善方案，如圖 10-2。

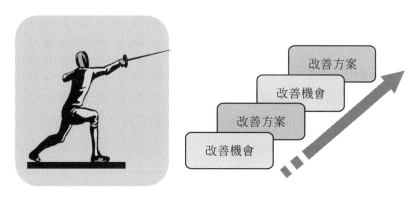

▲　圖 10-2　持續改善

(1) 改善就是機會，配合風險管理，可協助組織增加機會
(2) 改善方案，可以落實改善之有效性，並可追蹤其方案達成效果
(3) 改善最高境界，乃創革，將帶組織邁向成功里程碑
(4) 組織配合 PDCA，其中，A，乃持續改善之行動
(5) 運用 8D，可使組織達 ISO9001 零缺點之境界

ISO9001：2015　稽核重點

10　改善　∞　稽核重點　ℭ

10.1　概述

◆　是否訂定風險管控之程序規定？是否包含 ISO 9001 標準的內容？

　　◆　是否進行潛在不符合(風險)的識別及分類？

　　◆　實施風險管控，哪些資訊作爲輸入？

　　◆　潛在不符合(風險)原因分析的結果及相關記錄是否建立？

　　◆　是否訂定風險管控的規範？

是否評估風險管控的有效性？並保有記錄？

10.2　不符合和矯正行動

　　◆　是否訂定不符合與矯正措施管理程序？

　　◆　是否搜集不合格及顧客抱怨的資料作爲矯正措施的輸入？

　　◆　是否進行原因分析結果，並採取改善方法？

　　◆　是否針對不符合原因，進行矯正措施並評估有效性？

10.3　持續改善

◆　品質改善過程是否進行規劃確認？

　　◆　是否有書面化改善措施？

　　◆　是否運用品質政策、目標、分析資訊、內/外部稽核結果管理審查及改善措施的執行，來促進品質管理系統的持續改善？

　　◆　矯正和風險評估的執行效果，是否促進品質改善的實施？

ISO 習 題

1. 改善行動主要應包括哪些？

2. 採行風險管控步驟說明之。

3. 8D Report 中之 D4 為何？

4. 5W2H 方式將問題定義並收集問題資料為何？

附錄

附錄 A

ISO9001：2015 條文與程序對照表

4		組織背景	QM001 品質手冊
	4.1	瞭解組織與其背景	QP410 組織背景管理程序
	4.2	瞭解利害關係者的需求與期望	
	4.3	決定品質管理系統適用範圍	
	4.4	品質管理系統及其過程	
5		領導	
	5.1	領導與承諾	
	5.2	政策	QP520 組織政策管理程序
	5.3	組織的角色、職責和權限	QP530 組織與職責管理程序
6		規劃	
	6.1	風險和機會的應對措施	QP610 風險與機會管理程序
	6.2	品質目標和達成規劃	QP620 品質目標管理程序
	6.3	變更規劃	
7		支援	
	7.1	資源	
		7.1.1 概述	
		7.1.2 人員	QP712 組織人員管理程序
		7.1.3 基礎建設	QP713 設施儀器管理程序
		7.1.4 作業過程的環境	QP714 作業環境管理程序
		7.1.5 監控和量測資源	QP715 量器校正管理程序
		7.1.6 組織知識	QP716 組織知識管理程序
	7.2	能力	QP720 組織能力管理程序
	7.3	認知	

國際標準驗證
International Quality Management System

	7.4	溝通	QP740 溝通管理程序
	7.5	文件化資訊	QP750 文件資訊管理程序
		7.5.1 概述	
		7.5.2 創建與更新	
		7.5.3 文件化資訊管控	
8		營運(作業)	
	8.1	產品規劃和管控	QP810 產品規劃管理程序
	8.2	產品與服務需求	QP820 產品與服務需求管理程序
		8.2.1 客戶溝通	
		8.2.2 決定和產品與服務相關的要求	
		8.2.3 與產品與服務相關要求的審查	
		8.2.4 與產品與服務相關要求的變更	
	8.3	產品與服務的設計和開發	QP830 設計開發管理程序
		8.3.1 概述	
		8.3.2 設計和開發規劃	
		8.3.3 設計和開發輸入	
		8.3.4 設計和開發管控	
		8.3.5 設計和開發輸出	
		8.3.6 設計和開發變更	QP836 設計開發變更管理程序
	8.4	外部供應之過程、產品與服務的管控	QP840 外部供應管理程序
		8.4.1 概述	
		8.4.2 管控方式及程度	
		8.4.3 外部供應商的資訊	
	8.5	生產與服務提供	
		8.5.1 生產與服務提供的管控	QP851 生產服務管理程序
		8.5.2 標識和可追溯性	QP852 標識追溯管理程序

		8.5.3 客戶或外部供應商資產	QP853 外部財產管理程序
		8.5.4 防護	QP854 倉儲管理程序
		8.5.5 交付後的活動	
		8.5.6 變更管控	QP856 變更管控管理程序
	8.6	產品與服務的放行	QP860 放行管理程序
	8.7	不符合輸出之管控	QP870 不符合管理程序
9		績效評估	
	9.1	監控、量測、分析和評估	
		9.1.1 概述	
		9.1.2 客戶滿意度	QP913 客戶滿意度管理程序
		9.1.3 分析和評估	QP913 分析評估管理程序
	9.2	內部稽核	QP920 內部稽核管理程序
	9.3	管理審查	QP930 管理審查管理程序
10		改善	
	10.1	10.1 概述	
	10.2	不符合和矯正行動	QP1020 矯正措施管理程序
	10.3	持續改善	

國際標準驗證
International Quality Management System

附錄 B

品質管理系統-要求
Quality Management Systems-Requirements
ISO 9001：2015 國際標準 IS 版

0　簡介 INTRODUCTION

0.1　概述 GENERAL

0.2　品質管理的 ISO 標準 THE ISO STANDARDS FOR QUALITY MANAGEMENT

0.3　流程導向 PROCESS APPROACH

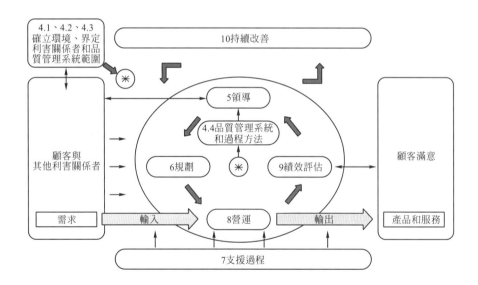

0.4　規畫-執行-檢核-持續改善行動 PLAN-DO-CHECK-ACTION

0.5　基於風險管理的思維 "RISK-MANAGEMENT THINKING"

0.6　與其他管理系統標準的相容性 COMPATIBILITY WITH OTHER MANAGEMENT SYSTEM

1 範圍 Scope

本國際標準規定一個組織的品質管理系統：

a) 需展現其能力以持續提供滿足顧客與適用法令及法規要求的產品與服務，及；

b) 藉系統的有效運作，包括系統的持續改進過程，及符合顧客與適用法令及法規要求的保證，以提高顧客滿意為目的。

本國際標準的所有要求都是一般性的及企圖去適用於所有組織不管其形態、規模大小及所提供的產品

　備註 1： 本國際標準內，名詞"產品"或"服務"僅適用於針對預期提供給顧客或顧客所要求的物品及服務。

　備註 2： 法令及法規的要求可以被視為法律的要求。

2 參考標準 Normative references

無參考標準。條文包含條文編號與其他 ISO 管理系統標準維持一致性

3 術語 Terms

本國際標準使用的名詞與定義參閱 ISO 9000。

3.01 組織 organization

3.02 利害關係者 interested parties

3.03 要求 requirement

3.04 管理系統 management system

3.05 最高管理階層 top management

3.06 有效性 effectiveness

3.07 政策 policy

3.08 目標 objective

3.09 風險 risk

3.10 能力 competence

3.11 文件化資訊 documented information

3.12 過程 process

國際標準驗證
International Quality Management System

3.13 績效 performance

3.14 外包(動詞)outsource(verb)

3.15 監控 monitoring

3.16 量測 measurement

3.17 稽核 audit

3.18 符合 conformity

3.19 不符合 nonconformity

3.20 矯正措施 corrective action

3.21 持續改善 continual improvement

3.22 矯正 correction

3.23 參與 involvement

3.24 組織處境 context of the organization

3.25 功能 function

3.26 顧客 customer

3.27 供應者/提供者 supplier / provider

3.28 改進 improvement

3.29 管理 management

3.30 品質管理 quality management

3.31 系統 system

3.32 基礎架構 infrastructure

3.33 品質管理系統 quality management system

3.34 品質政策 quality policy

3.35 策略 strategy

3.36 事物 object

3.37 品質 quality

3.38 法令要求 statutory requirement

3.39 法規要求 regulatory requirement

3.40 缺失 defect

3.41 追溯性 traceability

3.42 創新 innovation

3.43 合約 contract

3.44 設計與開發 design and development

3.45 品質目標 quality objective

3.46 輸出 output

3.47 產品 product

3.48 服務 service

3.49 資料 data

3.50 資訊 information

3.51 客觀證據 objective evidence

3.52 資訊系統 information system

3.53 知識 knowledge

3.54 查證 verification

3.55 確認 validation

3.56 回饋 feedback

3.57 顧客滿意度 customer satisfaction

3.58 抱怨 complaint

3.59 稽核方案 audit programme

3.60 稽核準則 audit criteria

3.61 目標 / 稽核證據 objective / audit evidence

3.62 稽核發現 audit findings

3.63 特准 concession

3.64 放行 release

3.65 特性 characteristic

3.66 績效指標 performance indicator

3.67 測定 determination

3.68 審查 review

3.69 量測試驗 measuring equipment

國際標準驗證
International Quality Management System

4　組織背景 Context of the organization

4.1　瞭解組織和其背景 Understanding the organization and its context

組織應決定和組織目的及其策略目標相關的內部和外部問題，以及影響達成其品質管理系統預期結果的能力。

組織應監測與審查有關上述決定之內部和外部的相關資訊。

備註 1： 了解外部處境，可藉由以來自法律、科技、競爭、市場、文化、社會和經濟環境議題的幫助，不論是國際、國家、區域或地方性。

備註 2： 了解內部環境時，可藉由考慮那些和組織價值、文化知識和組織績效有關之議題。

4.2　瞭解利害關係者的需求和期望 Understanding the need and expectations of interested parties

基於利害關係者對組織持續提供產品與服務，以符合顧客和適用法規要求之能力的影響或潛在影響，組織應決定：

a)　和品質管理系統有關的利害關係者。和；

b)　這些利害關係者對品質管理系統相關之要求。

組織應監控與審查關於上述之利害關係者及其相關要求之資訊。

4.3　決定品質管理系統的範圍 Determining the scope of the quality management system

組織應決定品質管理系統的界線和適用性，以建立它的範圍。

在決定範圍時，組織應考慮：

a)　參考條文 4.1 中提到的外部和內部的問題，及

b)　條文 4.2 中所提到之利害關係者之要求

c)　組織的產品與服務

在所決定之範圍內，此標準的任一要求為適用時，則該要求應適用於該組織。

若此標準之任一要求為不適用時，其應不影響組織確保符合產品與服務之能力或責任。

範圍應適用於及以文件化資訊聲明如下之方式，予以維護：

－品質系統涵括之物品和服務

－當本標準任一要求無法被適用時，其排除理由之說明

4.4 品質管理系統和其過程 Quality management system and its process

4.4.1 根據本國際標準要求，組織應建立、實施、維持和持續改進品質管理系統，包括所需的過程和其相互作用。

組織應決定品質管理系統所需的過程及其於組織中之應用，並應決定：

a) 這些過程所要求的輸入及預期的輸出；

b) 過程間的順序和相互關係；

c) 允收準則、方法，包括所需之量測和相關績效指標，以確保這些過程之有效運作及管制；

d) 所需資源和確保其可用性；

e) 這些過程之權責人員指派；

f) 依據 6.1 要求決定之風險和機會，及對其風險與機會所規劃和實行的適當措施；

g) 監控與量測之方法，適當時，及過程之評估，需要時，變更這些過程，以確保其達成預期結果；

h) 過程及品質管理系統改進之機會。

4.4.2 組織應針對必要範圍維護文件化資訊，以支持過程的運作，並且保留文件化資訊在所需範圍，以提供信心其過程皆依其預期規劃予以執行。

5 領導力 Leadership

5.1 領導與承諾 Leadership and commitment

5.1.1 高階管理者應以下列方式展現其對品質管理系統領導力和承諾：

a) 為品質管理系統的效益負起責任；

b) 確保為品質管理系統建立品質政策及品質目標，並使其與組織策略方向與背景兼容；

c) 確保品質管理系統的要求納入組織的營運過程；

d) 推行過程導向和基於風險考量的運用；

e) 確保品質管理系統所需資源的可得性；

f) 傳達有效的品質管理和符合品質管理系統要求的重要性；

g) 確保品質管理系統達到其預期的效果；

h) 參與、指導和支持員工促成品質管理系統的效益；

i) 促進改善；

j) 支持其他相關管理職位在各自負責的領域展現其領導力。

備註：本國際標準所參照之"營運"，可被廣泛解釋為組織生存目標之核心相關之活動，不論組織是公營、私人、營利或非營利。

5.1.2 顧客導向 Customer focus

最高管理階層應展現以顧客為重有關的領導作用和與承諾，藉以確保：

a) 顧客的要求和適用之法規已被確認及滿足；

b) 影響產品與服務之符合性及提升顧客滿意之能力的風險和機會已被鑑別及處理；

c) 專注於維持持續提供滿足顧客和適用法令及法規要求的產品與服務；

d) 持續於維持提高顧客滿意；

5.2　品質政策 Quality Policy

5.2.1　最高管理階層應建立、審查並維護一個品質政策，此能：

a)　適用於組織目的和其處境；

b)　提供了一個架構以設定和審查品質目標；

c)　包括滿足適用要求之承諾；

d)　包括持續改進品質管理系統之承諾。

5.2.2　品質政策應：

a)　以文件化資訊方式供使用；

b)　於組織內進行溝通、瞭解並被應用；

c)　適當時，可被利害關係者取得。

5.3　組織的角色、職責和權限 Organizational roles，responsibilities and authorities

最高管理階層應確保相關角色的職責和權力，在組織內被分派、溝通和瞭解。

最高管理階層應委派責任和權力以：

a)　確保品質管理系統符合本國際標準的要求；

b)　確保過程實現其預期輸出；

c)　呈報品質管理系統的績效、改進機會、變更或創新需求，特別是向最高管理階層報告；

d)　確保組織內促進顧客導向；

e)　當品質管理系統的變更被計畫且實施時，確保品質管理系統之完整性。

6 品質管理系統之規劃 Planning for the quality management system

6.1 處理風險和機會的措施 Action to address risks and opportunities

6.1.1 當規劃品質管理系統時，組織應考量 4.1 所提問題和 4.2 所提要求，並決定須被處理的風險和機會，以便：

a) 確保品質管理系統可以實現其期望的結果；

b) 預防或減少非預期的影響；

c) 實現持續改進。

6.1.2 組織應規劃：

a) 處理這些風險和機會的措施，以及；

b) 如何去：
   1) 整合和實施措施到品質管理系統過程中(參閱 4.4）；
   2) 評估這些措施的有效性。

針對處理風險和機會所採取的任何措施，應與產品與服務符合性之潛在影響是均衡的。

註 1：應對風險和機會的選擇可能包含：規避風險、承擔風險以便追求機會、消除風險來源、改變可能性或後果、分擔風險、或通過決策保留風險。

註 2：機會可能導致新實務的採納、新產品的開展、新市場的開發、新客戶的應對、夥伴關係的建立、新技術的運用和其他理想且可行的潛在發展以便應對組織及其客戶的要求。

6.2 品質目標和實現規劃 Quality objectives and planning to achieve them

6.2.1 組織應於相關部門、階層、與過程建立品質目標。

品質目標應：

a) 與品質政策一致；

b) 可量測的；

c) 考量到適用的要求；

d) 與產品與服務的符合性及提升顧客滿意有關；

e) 可被監控；

f) 可被溝通；

g) 適當時，可更新。

組織應保留品質目標的文件化資訊。

6.2.2 當規劃如何實現品質目標時，組織應決定：

a) 要完成哪些工作；

b) 需要什麼樣的資源(參照 7.1)；

c) 誰要負責；

d) 何時會完成；

e) 如何評估結果。

6.3 變更規劃 Planning of changes

組織應決定品質管理系統(參照 4.4)之變更需求，其變更應以計畫性和系統性方法來執行。

組織應考量：

a) 變更的目的和其任何潛在後果；

b) 品質管理系統之完整性；

c) 資源的可利用性；

d) 職責與權限之分配或重新分配。

7 支援 Support

7.1 資源 Resources

7.1.1 概述 General

組織應決定並提供所需的資源以建立、實施、維持和持續改善品質管理系統。

組織應考量：

a) 現有內部資源的能力與局限；

b) 那些需求須自外部提供者獲得。

7.1.2 人員 People

為確保組織可持續滿足顧客與適用法規要求，組織應提供必要之人員以確保品質管理系統之有效運作，包括所需過程營運與管控。

7.1.3 基礎建設 Infrastructure

組織應決定、提供和維護其過程之運作所需的基礎架構，以實現產品與服務之符合性。

備註：基礎架構可包括：

a) 建築物與相關的公共設施；

b) 設備(含硬體與軟體）；

c) 運輸；

d) 資訊與通訊技術。

7.1.4 過程運作環境 Environment for the operation of processes

組織應決定、提供和維護其過程運作所需的環境，以實現產品與服務之符合性。

註：一個合適的環境可能是人為和物理因素的組合，例如：

a) 社會(例如 公平待遇、冷靜、非對抗環境)；

b) 心理的(例如減壓、預防精疲力竭、情緒防護)；

c) 物理的(例如溫度、熱度、濕度、人道、亮度、空氣流通、衛生、噪音)。

這些因素可能依提供的產品與服務而大不相同。

7.1.5　監控與量測資源 Monitoring and measuring resources

7.1.5.1　概述

當監控與量測被用以證明產品與服務符合組織特定要求時，組織應決定所需資源以確保有效且可靠的監控與量測結果。

組織應確保所提供之資源

a)　是適切於所採用之特定形式的監控與量測活動；

b)　被維護，以確保其持續符合其目的。

組織應維持適切的文件化資訊，以作為符合監控與量測資源目的之證據。

7.1.5.2　量測的追溯性

當量測追溯性是：法令或法規要求、顧客或利害關係者的期望；或被組織視為對量測結果之有效性，提供信心的重要組成部份時，量測設備應

a)　定期或於使用前對照國際或國家量測標準校驗或驗證或兩者皆執行。如果無上述標準，則應將驗證或校驗準則保存成文件化資訊；

b)　被識別以確定其狀況；

c)　做好防護，以避免因調整、損壞或老化導致校驗狀況及後續量測結果不具效力。

組織應確認當量測儀器不適用於預期目的時，先前量測結果的有效性是否受到不良影響，並且必要時應採取適當的行動。

7.1.6　組織知識 Organizational knowledge

組織應決定其過程運作和實現產品與服務符合性所需知識。

這方面的知識應被保存，且可適用於需要的範圍。

在處理變更需求和趨勢時，組織應考量到其目前知識基礎，及決定如何獲得或使用所需的額外知識。

註 1：　組織知識是組織內特定的知識；通常是由經驗中取得的。它是為達成組織目標所運用及共享的資訊。

註 2：　組織知識可能是根據：

國際標準驗證
International Quality Management System

a) 內部來源(例如：智慧財產；經驗中取得的知識；失敗或成功的專案中汲取的教訓；獲取和分享未文件化的知識和經驗；過程、產品與服務改善的結果)；

b) 外部來源(例如：標準規範；學術界；會議或從客戶或外部供應商收集的知識)。

7.2　能力 Competence

組織應：

a) 決定其管制下，影響其品質績效的工作人員之必要能力；

b) 確保這些人是可勝任，依據適當的教育、訓練及經驗；

c) 適用時，採行措施以取得所需之能力，及評估所採取措施的有效性；

d) 維持適當文件化資訊以作為能力的證明。

備註：適用的措施可包括，例如：提供培訓、師徒指導或現有人員的重新工作分派、僱用或委外有能力的人員。

7.3　認知 Awareness

在組織管制下工作的人員，應了解：

a) 品質政策；

b) 相關品質目標；

c) 對品質管理系統有效性作出貢獻，包括改進品質績效的利益，及；

d) 不符合品質管理系統要求的含義。

7.4　溝通 Communication

組織應決定品質管理系統相關之必要的內部和外部溝通，包括：

a) 溝通的內容；

b) 何時溝通的時機；

c) 和誰溝通的對象；

d) 如何溝通；

e) 由誰溝通。

7.5 文件化資訊 Documented information

7.5.1 概述 General

組織的品質管理系統應包括：

a) 本國際標準所要求的文件化資訊；

b) 組織所決定之品質管理系統有效性所必要的文件化資訊；

備註：品質管理系統的文件化資訊內容可以和其他組織有所不同，依據：

    1) 組織的規模、活動型態、過程、產品與服務；

    2) 過程的複雜度及其相互關係；

    3) 員工的能力。

7.5.2 制定與更新 Creating and updating

當制定和更新文件化資訊時，組織應確保適當的：

a) 識別和描述(如：標題、日期、作者或索引編號)；

b) 格式(如：語言、軟體版本、圖形)和媒體(如：紙張、電子化)；

c) 審查和批准的適宜性和充分性。

7.5.3 文件化資訊的管制 Control of documented information

7.5.3.1 品質管理系統及本國際標準所要求的文件化資訊應被管制以確保

a) 當需要時，無論何時何地，它是可獲得的及適合使用

b) 它是被充分保護(如避免失去保密性、使用不當或失去完整性)

7.5.3.2 對文件化資訊的管制，組織應致力於以下活動，適用時：

a) 分發、存取、檢索和使用；

b) 儲存和保存，包括保持易讀性；

c) 變更的管制(如：版本管制)，以及；

d) 保存期限和處置。

適當時，組織所決定之品質管理系統規劃與運作之必要外來原始文件化資訊，應被鑑別和管制。

備註：存取意味允許關於查看文件化資訊，或准許查看與變更文件化資訊之決定。

8 營運(作業) Operation

8.1 營運規劃與管制 Operational planning and control

組織應規劃、實施和管制必要過程,如同在 4.4 裡所陳述的,以符合提供產品與服務的要求,並實施在 6.1 所決定的措施,藉由:

a) 決定產品與服務的要求;

b) 制定過程規範,和產品與服務的允收規範;

c) 決定達成產品與服務符合性之所需資源;

d) 根據規範實施過程管制,以及;

e) 保存文件化資訊至必要的程度,以確信過程已依規劃被執行,並展現產品與服務符合要求。

    1) 過程按計劃實施;

    2) 符合產品與服務的需求。

這個規劃的輸出應適合組織的運作。

組織應管控計畫中的變更並審查非預期變更的後果,必要時採取措施減輕任何不良結果。組織應確保外包過程在管控之下進行(參 8.4)。

8.2 產品與服務要求的決定 Determination of requirements for products and services

8.2.1 顧客溝通 Customer communication

組織應建立過程,以利和顧客溝通下列相關事宜:

a) 和產品與服務相關之資訊;

b) 諮詢、合約或訂單處理,包其變更;

c) 獲取顧客觀點與感受,包括顧客抱怨;

d) 適用時,顧客財產的管理或處置;

e) 當相關時,對於意外措施措施之特定要求。

8.2.2 產品與服務相關要求的決定 Determination of requirements related to products and services

組織應建立、實施和維護一個過程以決定可提供給潛在顧客的產品與服務要求。

組織需確保：

a) 對於產品與服務的要求已被定義，包括：

  1) 適用法令法規的要求；

  2) 組織認為必要的要求。

b) 有能力證實對產品與服務所提供的聲明。

8.2.3 產品與服務相關要求的審查 Review of requirements related to products and services

8.2.3.1 組織應確保其有能力滿足提供予客戶之產品與服務要求，在輸出產品與服務給客戶前，組織應執行審查，包括：

a) 客戶說明的要求，包括對交付及交付後活動的要求；

b) 客戶並未說明，但對指定或預期的用途所需是必要之要求(已知時)；

c) 組織所指定之要求；

d) 適用於產品與服務的法令法規要求；

e) 與先前說明不同之額外的合約或訂單要求。

組織應確保與先前表述不一的合約或訂單要求都已解決。

若客戶未將要求文件化，組織應於接受前對客戶要求進行確認。

註 1：在某些狀況，例如，網路營銷，正式審查每份訂單是不切實際的。取而代之，可以審查相關的產品資訊，例如，目錄。

8.2.3.2 組織應保存文件化資訊(適用時)：

a) 審查結果；

b) 任何，新產生之產品與服務要求。

8.2.4　產品與服務要求的變更 Chang of requirements related to products and services

若產品與服務的要求產生變更時，組織應確保相關的書面資料已進行修改，並確保相關人員知道已變更的要求。

8.3　產品與服務的設計開發 Design and development of products and services

8.3.1　概述 General

當組織產品與服務的細部要求尚未被顧客或其他利害關係者建立或定義時，為了滿足後續生產與服務提供，組織應建立、實施和維護設計開發過程。

備註 1： 組織亦能運用 8.5 要求於生產服務提供過程之開發。

備註 2： 對於服務、設計與開發計畫可闡釋整個服務供應的過程。因此組織可選擇一併考量 8.3 和 8.5 之要求。

8.3.2　設計開發規劃 Design and development planning

在決定設計開發過程中的各階段和管制時，組織應考量：

a)　設計和開發活動的本質、週期和複雜性；

b)　要求的過程階段，包括適用的設計和開發審查；

c)　所需的設計和開發驗證、確認；

d)　設計和開發過程中參與人員和小組的職責和權限；

e)　產品與服務之設計與開發所需之內部與外部資源；

f)　設計和開發過程中所參與人員之間的介面管控需求；

g)　參與的客戶和使用者在設計和開發過程中的需求；

h)　後續產品與服務提供的要求；

i)　客戶及其他相關利害關係者所期許之設計和開發過程的管控程度。

文件化資訊需要證實設計和開發之要求均已達成。

8.3.3　設計開發輸入 Design and development inputs

組織應決定：

a)　對特定型式之產品與服務的設計和開發之基本要求，適用時，包括功能和效能要求；

b)　適用之法令及法規要求；

c)　組織承諾實施之標準或作業守則；

d)　產品與服務之設計開發所需之內部和外部資源；

e)　因為產品與服務的性質，失效的潛在後果；

f)　輸入應適合設計和開發之目的，完整且清楚，而這些輸入中的衝突必應予以解決。

組織應保存設計和開發輸入之文件化資訊。

8.3.4　設計開發管制 Design and development controls

設計開發過程所採用的管制，應確保：

a)　達到的成果已被定義；

b)　執行審查活動以對設計和開發之結果是否能符合要求進行能力評估；

c)　執行驗證行動以確保設計和開發的輸出滿足其輸入的要求；

d)　執行確認行動以確保產品與服務皆符合特定應用或預期使用的要求；

e)　對在執行審查、驗證和確認行動中所產生之問題進行任何必要的行動；

f)　上述所有活動的文件化資訊都予以保留。

註：設計和開發的審查、驗證及確認皆具有不同的目的，只要適合組織的產品與服務，三者可以分開獨立也可以合併執行。

8.3.5　設計開發輸出 Design and development outputs

組織應確保設計開發輸出：

a)　符合設計開發輸入要求；

b)　對於提供產品與服務之後續過程是適切的；

c)　包括或參照監控與量測要求，適用時，和允收標準；

d)　確保製造之產品或提供之服務，是符合預期使用目的和其安全和正確使用。

組織應維持設計開發過程所輸出之文件化資訊。

8.3.6 設計開發變更 Design and development changes

組織應盡可能地定義、審查、管控在設計和開發產品與服務的過程中或後續發展中的變更，便確保對要求符合性無任何有害影響。

組織應保存以下文件化資訊：

a) 設計與開發變更；

b) 審查結果；

c) 授權變更；

d) 預防負面影響發生所採取之行動。

8.4 外部供應的產品與服務管制 Control of externally provided products and services

8.4.1 概述 General

組織應確保外部供應過程、產品與服務符合指定的要求。

組織應對外部供應之產品與服務之管制，提出指定要求，當：

a) 外部供應者提供之產品與服務是整合至組織自有產品與服務；

b) 外部供應者將代表組織將產品或服務直接提供給顧客；

c) 外部供應者提供之過程或一部分過程，是基於組織外包此過程或功能之決策結果。

根據外部供應者依照特定要求所提供的過程或產品與服務之能力，組織應建立並提出準則以評估、選擇、績效監控，以及再評估外部供應者。

組織應維持外部供應者的評估結果、績效監控和再評估之適當文件化資訊。

8.4.2 外部供應管制的範圍及類型 Type and extent of control of external provision

組織應確保外部供應過程、產品與服務不會對組織提供符合之產品與服務給客戶的能力造成負面影響。

組織應：

a) 確保外部提供過程持續由其品質管理系統管控；

b) 定義針對外部供應商及結果輸出的管控方式；

c) 可考量：

　　1) 由外部提供的過程、產品與服務對於組織能否持續滿足客戶和符合適用之法令法規要求的潛在影響；

　　2) 對外部供應商進行的管控成效。

d) 決定驗證或其他行動以確保外部供應商所提供之過程、產品與服務符合要求。

8.4.3 外部供應者資訊 Information for external providers

組織應與外部供應者溝通下列適用之要求：

a) 為組織所提供之產品與服務或執行之過程；

b) 產品與服務、方法、過程或設備之核准或放行；

c) 人員之能力，包括所需資格；

d) 其與組織品質管理系統的相互作用；

e) 組織對外部供應者績效之管理與監控；

f) 組織或其顧客企圖在外部供應者場所裡執行之驗證活動。

組織應在與外部供應者之溝通前，確保其特定要求之適切性。

8.5 生產與服務的提供 Production and service provision

8.5.1 生產和服務提供的管制 Control of production and service provision

組織應在管制狀態下，實施產品與服務之提供，包括交付和交付後活動。

當適用時，管制狀態應包括：

a) 描述產品與服務特性的文件化資訊的備妥；

b) 描述執行的活動和取得成果的文件化資訊的備妥；

c) 在適當階段之監控與量測活動，以驗證過程管制與過程輸出和產品與服務之允收標準有被滿足；

d) 適當基礎架構和過程環境的使用與管制；

e)　適當監測和測量資源的備妥和使用；

f)　人員的能力，適用時，或人員的資格要求；

g)　當其結果輸出不能由後續的監測和量測來驗證時；生產和服務提供的任何過程，達到計畫結果能力之確認及定期再確認；

h)　產品與服務放行、交付及交付後活動之實施。

8.5.2 鑑別與追溯 Identification and traceability

當必須確保產品與服務之符合性時，組織應以適當的方法來鑑別過程的輸出。

在產品與服務提供整個過程中，組織應對關於監控與量測要求的過程輸出狀態加以鑑別。

當追溯性是一項要求時，組織應管制過程輸出之獨特的識別，並保持維護追溯性所需之文件化資訊。

備註：過程輸出是準備交付給組織顧客或內部顧客(如：下一過程之輸入接收者)的所有活動的結果，它們可以包括產品、服務、中間軟體、組件等。

8.5.3 顧客或外部供應者的財產 Property belonging to customers or external providers

組織應小心應用屬於顧客或外部供應者之財產。當它於組織的管制下或被組織使用時。組織應識別、查證、保護和維護顧客或外部供應者之財產，當其被用於或併入至產品與服務時。

如果顧客或外部供應者的任何財產被不正確使用、遺失、損壞或發現不適用的情況時，組織應向顧客或外部供應者報告。

備註：屬於顧客或外部供應者的財產可包括材料、零件、工具和設備、顧客場所、智慧財產或個人資料。

8.5.4 防護 Preservation

在生產與服務供應過程中，組織應確保過程輸出之防護能達到維持符合要求之所需要程度。

備註：防護可以包括標識、搬運、包裝、貯存、傳輸或運輸和保護。

8.5.5 交付後活動 Post-delivery activities

適用時，組織應滿足和產品與服務相關之交付後活動。

在決定所要求之交付後活動的範圍，應考量：

a) 和產品與服務有關的風險；

b) 產品與服務之性質、使用和其預期壽命；

c) 客戶要求及顧客的回饋；

d) 法令及法規要求。

備註：交付後活動可包括，諸如提供保證的措施、維修服務合約責任，及追加服務諸如回收或最終處理。

8.5.6 變更的管制 Control of changes

組織應審查和管制對於生產與服務提供所必要之非計畫性變更，以確保持續符合特定要求之所需。

組織應維持文件化資訊以描述變更審查結果、授權變更之人員及任何必要措施。

8.6 產品與服務的放行 Release of products and services

組織應按規劃的安排，在適當階段驗證產品與服務的要求是否得到滿足。

除非得到相關授權人員或客戶的批准(適用時)，否則在所規劃的安排圓滿完成前，不得向客戶進行產品與服務之發行。

組織應保存表述產品與服務輸出的文件化資訊，文件應包括：

a) 與許可標準相符的證據；

b) 對授權放行人員的追溯性。

8.7 不符合的過程輸出、產品與服務之管制 Control of nonconforming process outputs，products and services

8.7.1 組織應確保不符合要求之輸出已被識別和管控，以防止被非預期的使用或交付。

組織應採取與不符合之產品與服務項目或其影響的本質相應的措施，這也應被應用於在產品交付後和服務提供過程中所發現的不合格產品與服務。

組織應使用下述中一個或多個方式，處理不符合之過程輸出、產品與服務：

a) 矯正；

b) 隔離、制止、退回或暫停提供產品與服務；

c) 通知客戶；

d) 讓步接受的授權。

不符合輸出過程、產品與服務得到改正後應對其再次進行驗證，以確實符合要求。

8.7.2 組織應保存表述以下內容之文件化資訊：

a) 不符合之描述；

b) 採取措施之描述；

c) 讓步之描述；

d) 針對不符合所採取行動之決定權責描述。

9 績效評估 Performance evaluation

9.1 監測、量測、分析與評估 Monitoring，measurement，analysis and evaluation

9.1.1 概述 General

組織應決定：

a) 那些需要進行監測及量測；

b) 監測、量測、分析與評估的方法，可行時，以確保有效的結果；

c) 何時應進行監測及量測；

d) 何時針對監測及量測的結果進行分析和評估。

組織應確保監測與量測活動一句所決定之要求被實施，並且應維持適當文件化資訊，以做為結果之證據。

組織應評估品質績效及品質管理系統之有效性。

9.1.2　顧客滿意度 Customer satisfaction

組織應監測關於顧客要求以符合的感受程度。

組織應取得顧客關於組織與其產品與服務之看法與觀點的資訊：

取得及使用此資料的方法應被決定。

備註：和顧客觀點相關之資訊可包括顧客滿意度或意見調查、交付產品或服務品質之顧客數據、市場分享資訊、補充資料、保固要求和經銷商報告。

9.1.3　分析與評估 Analysis and evaluation

組織應分析及評估來自監測、量測和其他來源的適當數據和資訊。

分析與評估的輸出應被用於：

a) 產品與服務的符合性；

b) 客戶滿意程度；

c) 品質管理系統的績效與成效；

d) 規劃是否被確實實施；

e) 對修正風險與機會所採取的行動執行成效；

f) 外部供應商的績效；

g) 品質管理系統改善的需要。

註：分析資料的方法可包括統計法。

9.2 內部稽核 Internal Audit

9.2.1 組織應定期實施內部稽核，以提供資訊針對品質管理系統是否：

a) 符合
   1) 該組織品質管理系統的自我要求
   2) 本國際標準的要求
b) 有效實施及維持。

9.2.2 組織應：

a) 計畫、建立、實施並維持稽核方案，包括頻率、方法、職責、規劃要求和報告。稽核方案應考慮到品質目標、相關過程的重要性、顧客回饋、影響組織之變更、以及先前稽核結果之重要性。
b) 確定每次稽核的準則和範圍。
c) 選擇稽核員及執行稽核，以確保稽核過程的客觀性和公正性。
d) 確保稽核的結果報告給相關管理階層。
e) 採取適當的矯正與矯正措施不致於無故拖延。
f) 保持文件化資訊作為稽核方案的執行和稽核結果的證據。

備註：參閱 ISO 19011 指導綱要。

9.3 管理審查 Management review

9.3.1 最高管理階層應定期審查組織的品質管理系統，以確保其持續的適宜性、充分性和有效性。

管理審查應被規劃和執行，並考慮

a) 前次管理審查的措施狀況。
b) 有關品質管理系統，包括策略方針等，外部和內部問題的變化。
c) 品質管理系統的績效，包括趨勢和指標的資訊，關於：

1) 不符合事項及矯正措施

2) 監測和量測結果

3) 稽核結果

4) 顧客滿意

5) 外部供應者和其他相關利害關係者的問題

6) 維護有效品質管理系統所需之資源適切性

7) 過程績效和產品與服務的符合性

d) 處理風險與機會所採取之有效性(參照條文 6.1)。

e) 持續改善機會。

f) 資源完備度。

9.3.2 管理審查的輸出應包括相關的決定與措施：

a) 持續改進的機會。

b) 品質管理系統任何必要的改變，包括所需資源。

組織應保留文件化資訊作為管理審查結果的證據。

10 改善 Improvement

10.1 概論 General

組織應決定並選擇改善機會，並實施必要措施以符合顧客要求和提升顧客滿意。

適當時，其應包含：

a) 改善過程以避免不符合；

b) 改善產品與服務以符合已知或預期之要求；

c) 改善品質管理系統之結果。

備註：改善可能是被動的(如：矯正措施)、遞增的(如：持續改善)、階段變更(如：突破)、創造性(如：創新)或藉由重新組織(如：轉化/再造)

國際標準驗證
International Quality Management System

10.2 不符合事項及矯正措施 Nonconformity and corrective action

10.2.1 當有不符合事項發生，組織應：

a) 對不符合事項作出回應，以及適用時
    1) 採取措施管制並予以矯正
    2) 處理其後果

b) 評估措施的必要性，以消除不符合的原因，以致於不再發生或發生在其他地方，
    藉由
    1) 審查此不符合
    2) 確認此不符合的原因，及
    3) 確認是否有類似不符合的存在，或可能發生

c) 實施任何必要的措施。

d) 審查任何所採取措施之有效性。

e) 在規劃時更新風險及機會決策(必要時)。

f) 變更品質管理系統(必要時)。

    矯正措施應與所遇到之不符合影響相稱。

    備註 1：在某些案例，消除不符合之原因是為不可能。

    備註 2：矯正措施可降低再發之可能性，達到可接受程度。

10.2.2 組織應保存文件化資訊作為證據包括

a) 不符合的性質和任何後續採取的措施。

b) 任何矯正措施的結果。

10.3 持續改善 Continual improvement

組織應持續改善品質管理系統之適宜性、充分性和有效性。

組織應考量分析與評估之輸出、管理審查之輸出，以確認是否有任何績效不佳之區域或機會，其應被視為持續改善的部分而被處理。

適用時，組織應選擇並利用適當工具和方法，以調查績效不佳之根本原因，並支持持續改善。

附錄 C

環境管理系統-要求
Environment Management Systems
ISO 14001：2015 國際標準 IS 版

ISO 14001：2015 國際環境管理系統 2015-09-15 標準條文

前言

　　ISO(國際標準化組織)是由各國標準化團體(ISO 成員團體)組成的世界性聯合會，制定國際標準工作通常由 ISO 的技術委員會執行。任一會員機構若對已設有技術委員會的議題有興趣，皆有權利列席該委員會。與 ISO 有諮商關係的政府與非政府組織，也一同參與此項工作。ISO 在電工技術標準化事務方面與國際電工委員會(IEC)保持密切地合作。

　　用於發展本文件及進一步維持之程序於「ISO / IEC 指令-第 1 部分」中有所描述。而不同類型的 ISO 文件有不同的審查標準需特別注意。本文件的起草是根據「ISO / IEC 指令-第 2 部分」的編輯規則(參考 www.iso.org/directives)。

　　須留意本國際標準文件中某些構成要素可能涉及到專利權的議題，而 ISO 並不負責識別任何或全部此類專利權。在本文件開發過程中所識別出的任何專利將記錄於簡介及/或 ISO 專利聲明清單內(參考 www.iso.org/patents)。

　　本文件中使用的任何商號，僅是為了讓使用者方便參考的資料，並不構成背書。

　　有關於合格評定以及 ISO 所採用之 WTO 原則中的技術性貿易壁壘(TBT)之特定詞語含義解釋，請參考下列的網址：Foreword-Supplementary-information。

　　負責本文件之委員會為ISO/TC176(品質管理和品質保證)技術委員會中的SC1(環境管理系統)分組委員會。

　　第 3 版本已經技術性修訂並取代第 2 版的(ISO14001：2004)。同時也從 ISO 14001：2004/Cor.1：2009 執行技術勘誤。

簡介

0.1　背景

　　達成環境、社會和經濟之間的平衡被認為是必要的，以滿足當代人的需求，又不損害後代人符合需求的能力。永續發展的最終目標是透過平衡永續性的三大支柱來實現。

　　永續發展的社會期望、透明度和問責制，已經隨著日益嚴格的法規、與日俱增的環境污染壓力、資源的無效率使用、不當廢棄物管理、氣候變遷、生態系統退化和生物多樣性的損失而發展。

　　此引導組織實施旨在促成永續性環境支柱的環境管理系統之環境管理方法。

0.2　環境管理系統的宗旨

　　本國際標準的目的在於提供企業保護環境及回應環境改變與社經需求平衡的架構，並使企業能夠達到本國際標準所設立要求之結果。環境管理系統性的資訊能夠提供組織建立長程且成功的管理並由以下方法達到永續發展：

　　－防止或減輕有害的環境衝擊以保護環境；

　　－減輕組織可能產生的有害環境影響；

　　－協助組織達到其承諾與義務；

　　－增強環境保護的績效；

　　－利用生命週期的觀點，管制或影響組織產品及服務之設計、生產、分配、消耗及處置的方式，以避免無意之環境衝擊；

　　－以對環境無害的替換方案達到組織財務與營運之利益，進而強化組織之市場地位；

　　－對相關的利害關係者傳達環境相關資訊。

　　本國際標準如同其他國際標準，並無意增加或變更組織的法規要求。

0.3　成功的要素

　　環境管理系統的成功仰賴由高階管理者領導之企業所有階層及功能的支持。企業能夠把握此機會以防止或減輕有害的環境衝擊並提高正面的環境影響，特別是與策略與競爭力有相關的。藉由整合環境管理至組織的作業過程、策略方向、決策、調整與其它業務優先順序，並將其環境管理納入整個管理系統，以有效的因應風險和機會。本國際標準成功實施的實例可以使利害關係者確信所實施之環境管理系統是到位的。

　　然而，由於每個企業文化不同，施行本國際標準並不保證均可達到理想的環境成效。本國際標準的應用可因各組織背景的不同而有所差異。不同組織，可能有相似的施行活動但對環境政策卻具有不同的義務和承諾、環境技術與目標成效，因而導致不同的發展與結果，但皆依然符合本國際標準要求。

　　這亦說明了環境管理系統在各種組織文化、環境管理系統的範圍、企業責任、活動、產品、環境觀點與環境衝擊等不同層面上具有不盡相同的複雜程度。

0.4　計畫-執行-檢查-行動模式

　　環境管理系統的基礎是建立「計劃-執行-檢查-行動(PDCA)」循環的概念。PDCA 模式提供組織使用反覆的過程以達到持續改善。其可以被應用於環境管理系統及其個別要素上。簡短描述如下：

　　－計畫：建立環境目標及過程需求以符合組織的環境政策。

　　－執行：實施計劃內容。

　　－檢查：依據環境政策如：承諾、目標、操作準則監控及量測過程並報告結果。

　　－行動：採取行動以持續改善。

0.5　本國際標準之要旨

　　本國際標準係遵照 ISO 管理系統標準之要求。這些要求包括高階結構、相同的核心論題、術語定義、使使用者受益於施行多種 ISO 管理系統設計。

　　本國際標準不包含其他特定管理系統如品質管理、職業安全、能源或財務管理系統之要求。但本國際標準提供企業一套整合環境及其他管理系統所要求之普遍風險基礎思維的方式。

　　組織可藉由以下幾點遵守本國際標準之要求：

　　－自行決定與自行聲明遵守本國際標準，或

　　－尋求確認其符合企業的利害關係者如客戶以遵守本國際標準，或

　　－尋求確認其由企業外部自行聲明以遵守本國際標準，或

　　－尋求外部企業環境管理系統的驗證或註冊證明以遵守本國際標準。

環境管理系統之使用指南亦含括 ISO 14004。附錄 A 提供資訊說明以防止對本國際標準要求之誤解。附錄 B 則將本國際標準先前版本與現行新版本之異同以對照表之方式呈現。

本國際標準使用下列動詞形態：

－「應」是指要求；

－「須」是指建議；

－「可」是指許可；

－「能」是指可能性或能力。

註明「備註」的資訊是為輔助瞭解或釐清相關要求。條文 3 的備註項目提供額外資訊以補充使用術語所包含的相關規定。

ISO 14001：2015 國際環境管理系統－使用指南要求

1　範圍

本國際標準具體說明組織可用來提升其環境績效的環境管理系統之要求。本國際標準意圖讓尋求促成永續”環境導柱”的系統方法管理其環境責任的組織使用。

本國際標準協助組織實現其環境管理系統預期達到為環境、組織及利害關係者提供價值成果。為符合組織環境政策，環境管理系統預期成果需包括：

－環境績效的提升。

－符合履約義務。

－環境目標的實現。

本國際標準適用於任何組織，不論規模、型態及性質，也適用於組織決定可管控或影響生命週期面之活動、產品和服務環境考量面。本國際標準並未說明特定的環境績效準則。

本國際標準可以有系統的改善其全部或部分的環境管理。然而自行宣稱符合本國際標準並不被接受，除非標準的要求全部納入了組織的環境管理系統並予以實現，沒有例外。

2　引用標準

無引用標準。

3　術語和定義

本文件採用下列各項術語和定義：

3.1　與組織及領導相關的術語

3.1.1　管理系統

組織(3.1.4)內相互關聯或相互影響要素的組合，用以建立政策、目標(3.2.5)與過程(3.3.5)和達到目標。

備註 1：　管理系統可以處理單一或多個專業(例如品質、環境、職業健康與安全、能源、財務管理)。

備註 2：　系統要素包括組織結構、角色與責任、規劃與運作、績效評估與改善。

備註 3：　管理系統適用範圍可包括整個組織、或特定及指定的組織功能、或特定及指定的組織部門、或一個甚至數個跨組織團體的功能。

3.1.2　環境管理系統

部分的管理系統(3.1.1)用以管理環境考量面(3.2.2)、完成履約義務(3.22)及因應風險與機會(3.2.11)。

3.1.3　環境政策

由高階管理者(3.1.5)正式表達與環境績效(3.4.11)相關的組織(3.1.4)意圖及方向。

3.1.4　組織

有屬於自己的功能、職責和關係，以實現目標(3.2.5)的個人或團體。

備註 1：　所謂的組織包含但不限於獨資貿易商、公司、集團、商行、企業、機關、合夥企業、協會、慈善團體或機構或者以上各團體的其中一部分或組合，不論是否註冊、公營或私營。

3.1.5 高階管理者

在最高階層指導及管控組織(3.1.4)的個人或團體。

備註 1： 高階管理者有授權及在組織內提供資源的權力。

備註 2： 若管理系統(3.1.1)的範圍只涵蓋組織的一部分，則高階管理者是指那些指導及管控這部分組織的人員。

3.1.6 利害關係者

可以影響、受影響、或意識自身會因某個決定或活動而受影響的個人或組織(3.1.4)。

範例：客戶、社群、廠商、管理者、非政府組織、投資者及員工。

備註 1：所謂的「意識自身會受影響」是指這樣的認知已知會組織。

3.2 與規劃相關的術語

3.2.1 環境

組織(3.1.4)作業所在的週邊環境，包括空氣、水、土地、自然資源、植物、動物、人類、以及相互關係。

備註 1：週邊環境可以從組織內部延伸到地方、區域及全球系統。

備註 2：週邊環境可以生物多樣性、生態系統、氣候或其它特徵等方面來描述。

3.2.2 環境考量面

組織(3.1.4)的活動、產品或服務中可或會和環境(3.2.1)產生互動的要素。

備註 1： 環境考量面可能導致環境的衝擊(3.2.4)。一個顯著的環境考量面係指已經有或可能有重大環境衝擊的。

備註 2： 重大的環境考量面是由組織應用一個或多個準則來確定之。

3.2.3 環境狀況

在特定時間點，環境(3.2.1)的狀態或特徵。

3.2.4 環境影響

起因於組織(3.1.4)的環境考量面(3.2.2)產生對環境(3.2.1)之有害或有利，整體或部份的改變。

3.2.5 目標

需實現的結果。

備註1： 目標可具策略性、戰術性或操作性。

備註2： 目標可能與不同的專業相關(如：財務、健康與安全、及環境目標)，而且適用於不同層面(如：策略、組織範圍、專案、產品、服務及過程(3.3.5))。

備註3： 目標可用其它方式表達，例如：預期成果、目的、操作標準、作為環境目標(3.2.6)、或使用類似意義的詞彙(如：目標、目的、或指標)。

3.2.6 環境目標

組織(3.1.4)根據環境政策(3.1.3)設定的目標(3.2.5)。

3.2.7 污染之預防

使用過程(3.3.5)、實務、技術、物料、產品、服務或能源以避免、減少或管控(個別或組合)任何類型污染或廢棄物的產生、散發或排出，以降低有害的環境衝擊(3.2.4)。

備註1： 污染預防包括污染源頭的減少或消除、過程、產品或服務的改變、有效率地運用資源、物料或能源替代、再用、再生、回收、再造、及處置等。

3.2.8 要求

需求或期望的陳述，通常是隱含的或義務的。

備註1： 「通常是隱含的」是指對組織(3.1.4)及利害關係者(3.1.6)來說暗示需求或期望是習俗或慣例。

備註2： 特定的要求是指，例如在文件化資訊(3.3.2)中被陳述的要求。

備註3： 當組織決定遵守這些要求時，此要求而非法定要求即變成義務性的。

3.2.9　履約義務(首選用詞)

法令要求及其他要求(公認用詞)

指組織(3.1.4)應遵守的法令要求(3.2.8)及組織應或選擇遵守的其他要求。

備註 1：履約義務與環境管理系統(3.3.2)相關。

備註 2：履約義務可能源自於命令性要求，如法令法規，或自願承諾，如組織或工業標準、合約關係、以及與社會團體或非政府組織的作業規範及協議。

3.2.10　風險

不確定性的影響。

備註 1：偏離預期的結果－正或負面。

備註 2：所謂的不確定性係指，對某事件的理解、其後果或可能性的資訊(即使只是部份)認知不足的狀態。

備註 3：風險往往是參照潛在的 "事件" (如 ISO 指南 73：209，3.5.1.3 定義)和「後果」(如 ISO 指南 73：2009，3.6.1.3 中定義)，或其組合加以詮釋。

備註 4：風險經常表達爲事件的後果(包括情況變化)和發生之「可能性」(如：SO 指南 73：2009，3.6.1.1 中定義)的組合。

3.2.11　風險與機會

潛在的負面影響(威脅)及潛在的有利影響(機會)。

3.3　與支援及作業相關的術語

3.3.1　能力

運用知識及技能達到預期成果的本領。

3.3.2　文件化資訊

需要被組織(3.1.4)管控和維護的資訊，及其媒介物。

備註 1：文件化資訊可以是任何格式或媒介且來自任何來源。

備註 2：文件化資訊可以參考：

－環境管理系統(3.1.2)，包括相關過程(3.3.5)。

－便於組織運作而建立訊(也可以被稱為文件)。

－達到成果的佐證(也可稱為記錄)。

3.3.3 生命週期

係指產品(或服務)系統連續及相互連結的階段—從原料獲得、從自然資源產生到最終處置。

備註 1： 生命週期階段包括，原料的取得，設計、生產、運輸/交付，使用、壽終處理和最終處置。

[出處：ISO 14044：2006，3.1，已修正—字詞「(或服務)」已被列入定義，且於備註 1 中增加]

3.3.4 外包

安排一個外部組織(3.1.4)執行組織內部分功能或過程(3.3.5)。

備註 1： 雖然外包的功能或過程是在管理系統(3.1.1)適用範圍內，但此外部組織是在其範圍外。

3.3.5 過程

一套將輸入轉換成輸出的相互關聯或相互作用的活動。

備註 1：過程可以或不用予以文件化。

3.4 與績效評估及改善相關的術語

3.4.1 稽核

系統、獨立及文件化之過程(3.3.5)，以取得稽核證據及客觀的評估證據，以確定稽核準則被執行的程度。

備註 1：內部稽核是由組織(3.1.4)本身執行、或委外代理代表組織來執行。

備註 2： 稽核可以是合併稽核(結合二或多個標準)。

備註 3： 獨立性可藉由免於稽核作業責任、免於偏見及利害衝突的自由來展現。

備註 4： 「稽核證據」包括可驗證的紀錄、事實的闡述，及其它與稽核準則相關和可驗證的資訊；「稽核準則」是一組政策、程序或要求(3.2.8)用以比對稽核證據的參考，如 ISO 19011 所定義。

3.4.2 符合

達到要求(3.2.8)。

3.4.3 不符合

未達到要求(3.2.8)。

備註 1： 不符合有關於本國際標準內的要求及組織(3.1.4)額外自行建立的環境管理系統(3.1.2)要求。

3.4.4 矯正行動

消除不符合(3.4.3)的原因及預防再發生的行動。

備註 1： 不符合的原因可能不止一個。

3.4.5 持續改善

提高績效(3.4.10)的重覆性活動。

備註 1： 提升與使用環境管理系統(3.1.2)以提升與組織(3.1.4)的環境政策(3.1.3)相符的環境績效(3.4.11)。

備註 2： 這些活動不需要在所有領域同時進行、或不能中斷。

3.4.6 有效性

活動規劃的實現及計劃結果之達成程度。

3.4.7 指標

作業、管理或條件狀態之可量測的代表物。

[來源：ISO/DIS 14031：2013，3.15]

3.4.8 監控

確定系統、過程(3.3.5)或活動的狀態。

備註 1： 為確定其狀態，有可能需要檢查，監督或嚴格察看。

3.4.9 量測，決定一個值的過程(3.3.5)。

3.4.10 績效

可量測的結果。

備註 1： 績效可能與定量或定性的結果有關。

備註 2： 績效可能與活動、過程(3.3.5)、產品(包含服務)、系統或組織(3.1.4)管理有關。

3.4.11 環境績效

與環境考量面(3.2.2)管理相關的績效(3.4.10)。

備註 1： 環境管理系統(3.1.2)的成果可依組織(3.1.4)的環境政策(3.1.3)、環境目標 (3.2.6)或其它準則使用指標(3.4.7)量測。

4 組織背景

4.1 瞭解組織與其背景

組織應決定有哪些內、外部因素會與組織營運目的及策略方向有所關聯，或是會影響環境管理系統實現預期結果的能力。那些因素應包含或被組織或足以影響組織的環境條件。

國際標準驗證
International Quality Management System

4.2　瞭解利害關係者的需求與期望

組織應確定：

(a)　環境管理系統相關的利害關係者；

(b)　這些利害關係者的相關需要與期望(即要求)；

(c)　這些需求與期望中有哪些需轉化為履約義務。

4.3　決定環境管理系統的適用範圍

組織應決定環境管理系統的界線及適用性，以建立其範圍。

決定適用範圍時，組織應考量下列事項：

(a)　條文 4.1 中提到的外部及內部因素；

(b)　條文 4.2 中提到的履約義務；

(c)　組織單位、功能及實際界線；

(d)　組織的活動、產品與服務；

(e)　組織行使管控權與影響的職權及能力。

一旦定義範圍，所有此範圍內的組織活動、產品和服務都應包含在環境管理系統內。

適用範圍應以文件化資訊的方式維持，且可讓利害關係者取得。

4.4　環境管理系統

為達成預期的結果，包含提升其環境績效，組織須依據本國際標準的要求建立、實施、維護和持續改善環境管理系統，包括所需過程及其互動。當組織建立和維護環境管理系統時，應考量由條文 4.1 及 4.2 獲得的知識。

5　領導力

5.1　領導與承諾

高階管理者須以下列的方式展現其對環境管理系統的領導與承諾：

a)　為環境管理系統的有效性負起責任；

b)　確保環境政策與目標的建立，且與組織的策略方向和背景兼容；

c)　確保環境管理系統的要求整合到組織營運過程中；

d)　確保環境管理系統所需資源的可得性；

e)　傳達有效的環境管理及符合環境管理系統要求的重要性；

f)　確保環境管理系統達到其預期成果；

g)　指導及支援人員以促成環境管理系統的有效性；

h)　增進持續改善；

i)　支持其他相關管理職位在各自負責的領域展現其領導能力。

備註：在本國際標準中提到的「營運」可以廣泛的解釋爲，組織存在的核心活動。

5.2　環境政策

高階管理者應在定義的環境管理系統範圍內建立、實施及維持環境政策，並且可：

a)　適合組織的目的及背景，包括性質、規模、及其活動、產品和服務對環境的影響；

b)　提供設立環境目標的框架；

c)　包括對環境保護的承諾，包含污染防治、及對組織背景的細節說明；

備註：具體保護環境的承諾包括資源永續性的使用、氣候變化的減緩與適應、及生物
　　　多樣性與生態系統保護。

d)　包括達成履約義務的承諾；

e)　包括持續改善環境管理系統以提升環境績效的承諾。

環境政策應：

－以文件化資訊維護；

－在組織內溝通傳達；

－可供利害關係者利用。

5.3　組織角色、職責與權限

高階管理者應確保相關職位的責任和權限已在組織內分派及傳達，以促進有效的環境
管理。

高階管理者應針對下述賦予責任與權限：

a)　確保環境管理系統符合國際標準要求；

b)　向高階管理者回報環境管理系統的績效，包括環境績效。

6 規劃

6.1 風險和機會的應對措施

6.1.1 概述

組織需建立、執行與維護過程以確保符合條文 6.1.1 到 6.1.4 之要求。

當組織著手為條環境管理系統規劃時，組織應考量：

a) 條文 4.1 提及之事項；

b) 條文 4.2 提及之要求；

c) 組織環境管理系統之範圍。

並且決定有關環境考量面(參條文 6.1.2)、履約義務(參條文 6.1.3)及其餘定義於條文 4.1 及 4.2 之事項與要求的風險與機會，且需能因應：

−給予環境管理系統能夠達成組織預期結果的保證；

−預防、或減少不良影響，包括可能影響組織之潛在外部環境因子；

−達成持續改善。

在環境管理系統之範圍中，組織須決定潛在的緊急狀況，包括會對環境造成影響的因子。

組織應維護下述事項的文件化資訊：

−需被解決的風險與機會；

−滿足條文 6.1.1 到 6.1.4 所需且有信心已按計劃執行之過程。

6.1.2 環境考量面

在環境管理系統定義的範圍內，就生命週期層面考量，組織須決定其可予以掌控及影響之活動、產品與服務的環境考量面及相關的環境影響。

當組織決定環境考量面時，須顧及：

a) 變更，包括已規劃或新發展，及新的或修正後的活動、產品與服務；

b) 異常狀況及可合理預見的緊急情況。

組織應藉由已建立的標準去決定那些已經或可對環境產生顯著影響的因素，如重大環境考量面。

適當時，組織應在各個階層及部門間傳達這些重大環境考量面。

組織應維護下述事項的文件化資訊：

－環境考量面及相關的環境影響；

－用以決定重大環境考量面的準則；

－重大環境考量面。

備註：重大環境因考量面導致不是與負面的環境衝擊(威脅)相關，就是與環境影響的效益(機會)相關的風險與機會。

6.1.3　履約義務

組織應：

a)　決定及行使與其相關的環境考量面之履約義務的權限；

b)　決定履約義務如何應用在組織內。

c)　在建立、執行、維護與持續改善環境管理系統時，須將履約義務納入考量。

組織應維護其履約義務的文件化資訊。

備註：履約義務對組織風險與機會有影響。

6.1.4　規劃行動

組織須規劃：

a)　採取行動以因應：

　　1) 重大環境考量面；

　　2) 履約義務。

　　3) 定義在 6.1.1 的風險與機會；

b)　如何：

　　1) 整合及實施行動納入其環境管理系統過程(參條文 6.2、第 7 章、第 8 章及條文 9.1)，或其他營運過程；

　　2) 評估這些行動的效益(參條文 9.1)。

當組織在規劃這些行動時，須考量其技術性選項、財務、作業及營運要求。

6.2　環境目標與達成規劃

6.2.1　環境目標

組織應在相關的功能及階層上建立環境目標，顧及組織的重大環境考量面及履約義務，並將風險和機會納入考量。

環境目標應是：

a)　與環境政策相符；

b)　可以量測的(如可行)；

c)　可以被監控的；

d)　可以被傳達的；

e)　適當時是可更新的。

組織應維護環境目標之文件化資訊。

6.2.2　規劃達成環境目標的行動

當規劃該如何達成環境目標時，組織應決定：

a)　應該做什麼；

b)　需要什麼資源；

c)　由誰負責；

d)　何時完成；

e)　如何評量結果，包括監控實現可量測環境目標進度的指標(參條文 9.1.1)。

組織應考量如何將實現環境目標的行動整合至組織的營運過程中。

7　支援

7.1　資源

組織應決定及提供建立、實施、維護及持續改善環境管理系統所需的資源。

7.2　能力

組織須：

a)　決定在其管控下從事影響環境績效與滿足履約義務之人員必要能力；

b)　確保人員在適當的教育、訓練及經驗基礎下，是能勝任工作的；

c)　決定與其環境考量面及環境管理系統相關的訓練；

d)　適用時，採取行動以獲得必要能力，並評估所採取行動的有效性。

備註：適用的行動包括，例如，對現有員工提供培訓、輔導、重新分配任務或招聘具
　　　備能力的人員。

組織應保留適當的文件化資訊作為能力的佐證。

7.3　認知

組織須確保在其管控下工作的人員確實瞭解：

a)　環境政策；

b)　重大環境考量面及與其工作相關的實際或潛在影響；

c)　人員對環境管理系統效益的貢獻，包括提升環境績效的益處；

d)　不符合環境管理系統要求的後果，包含未能符合組織履約義務。

7.4　溝通

7.4.1　概述

組織應建立、執行及維護內、外部溝通所需且與環境管理系統相關之過程，包括：

a)　溝通內容；

b)　溝通時機；

c)　溝通對象；

d)　如何溝通。

當建立溝通過程時，組織須：

－將履約義務納入考量；

－確保已溝通傳達的環境資訊與環境管理系統內產生的資訊一致，且是可信賴的。

組織應回應與環境管理系統相關的溝通訊息。

適當時，組織應保留文件化資訊作為溝通傳達的佐證。

7.4.2　內部溝通

組織應：

a)　適當時，在組織各個階層及功能間做內部溝通與環境管理系統相關的資訊，內容包括環境管理系統的變更；

b)　確保溝通過程得以使在組織管控下的人員對持續改善做出貢獻。

7.4.3　外部溝通

組織應對環境管理系統相關之資訊做外部溝通，依照組織溝通過程及履約義務的要求進行。

7.5　文件化資訊

7.5.1　概述

組織的環境管理系統應包括：

a)　本國際標準所要求的文件化資訊；

b)　組織決定為確保環境管理系統具有效益所必需的文件化資訊。

備註：各組織的環境管理系統文件化資訊程度會因下列因素而有所不同：

－組織規模與其活動、過程、產品與服務的類型；

－證明其達成履約義務的需求；

－過程及其相互作用的複雜性；

－在組織管控下的人員之能力。

7.5.2　建立與更新

在建立與更新文件化資訊時，組織應確保適當的：

－鑑別和描述(例如：標題、日期、作者及索引編號)；

－格式(例如：語言、軟體版本、圖形)和媒介(例如：紙本或電子檔)；

－審查和核准以確保其適切性和充分性。

7.5.3 文件化資訊管控

環境管理系統及本國際標準所要求的文件化資訊,應予以管控以確保:

a) 無論任何地點、時間,只要有需求,都可取得且適用;

b) 文件受到充分保護(使免於如:洩密、不當使用或缺損等情形)。

組織應在適用時應用下列活動來管控文件化資訊:

a) 分發、存取、檢索及使用;

b) 儲存和保存,包含保持其可辨讀之狀態;

c) 變更的管控(如:版本更新的管控);

d) 留存和廢止。

適當時,組織所決定之環境品質管理系統規劃和作業所需的外來文件化資訊,應被識別和管控。

作為符合性證據所留存之文件化資訊,應予以保護以免其受非預期之變更。

備註:「存取」一詞可視為允許查閱文件化資訊,或受許可與授權查看及變更文件化資訊之決定。

8 營運

8.1 作業管制

組織應藉由以下途徑建立、實施、管控和維護符合環境管理系統要求所需的過程,及實施在條文 6.1 和 6.2 所定義的行動:

－針對過程建立作業準則;

－依據作業準則來實施過程管控。

備註:管控包括工程管控及程序,可依等級制度實施(如:消除、替代與管理)且可單獨或合併使用。

組織應管控規劃中的變更及審查非預期變更的後果,必要時採取行動減輕不良後果。

組織應確保外包過程是受管控及受影響的,管控的類型與程度或用於過程的影響力,都應於環境管理系統中予以定義。

為符合產品生命週期的觀點，組織應：

a) 適當時，建立管控機制以確保環境要求被應用於產品與服務之設計和開發過程，且每個產品與服務之生命週期皆被納入考量；

b) 適當時，決定和產品與服務採購相關的環境要求；

c) 向外部供應商，包括合約商傳達相關環境要求；

d) 在產品與服務交付期間、產品使用期間及產品壽命結束及最終處理期間，考量提供關於潛在重大環境影響資訊的需要。組織應維護文件化資訊到有把握過程已按計劃執行的程度。

8.2　緊急應變

組織應建立、實施與維護一個準備用來回應定義在條文 6.1.1 潛在環境緊急情況的程序。

組織應：

a) 以規劃行動來準備回應以預防或緩和來自緊急情況的不良環境影響；

b) 回應實際緊急情況；

c) 針對緊急和潛在環境影響的程度，採取行動以預防或緩和來自緊急情況的後果；

d) 可行時，定期測試已規劃的回應行動；

e) 定期審查及修訂過程，並規劃回應行動，尤其在緊急事件及測試後；

f) 適當時，提供與緊急應變相關資訊及訓練給利益關係者，包括其管控下之人員。組織應維護文件化資訊到有把握過程已按計劃執行的程度。

9　績效評估

9.1　監控、量測、分析與評估

9.1.1　概述

組織須監控、量測、分析與評估其環境績效。

組織須決定：

a) 監控與量測對象；

b) 適用時監控、量測、分析與評估的方法，以確保結果的有效性；

c) 與組織(使用適當的指標)評估環境績效的標準比對之準則；

d) 何時應執行監控與量測；

e) 監控和量測的結果何時應予以分析與評估。

組織應確保校驗或驗證的監控與量測設備被適當的使用及維護。組織應評估環境績效與環境管理系統的成效。組織應維持適當的文件化資訊，做為監控、量測、分析及評估結果的佐證。

9.1.2 承諾評估

組織應建立、執行及維護一個過程以評估是否符合履約義務：

組織應：

a) 決定評估符合性的頻率；

b) 評估符合性，並在需要時採取行動；

c) 維護符合履約義務狀態的知識和理解。

組織應維持適當的文件化資訊，做為符合性評估結果的佐證。

9.2 內部稽核

9.2.1 概述

組織應按計畫定期實施內部稽核，對環境管理系統是否如下所述提供資訊：

a) 符合：

    1) 組織對其環境管理系統的要求；

    2) 本國際標準的要求。

b) 有效地實施及維護。

9.2.2 內部稽核程序

組織應建立、執行及維護一內部稽核程序，包括頻率、方法、責任、規劃要求及內部稽核報告。

當建立內部稽核程序時，組織須考量相關過程、組織影響變更及前次稽核結果的環境重要性。

組織須：

a)　定義每次稽核的稽核準則與範圍；

b)　選擇稽核員並引導稽核，以確保稽核過程的客觀和公正性；

c)　確保稽核結果向相關管理者報告。

組織應保留文件化資訊，做為實施稽核計畫與稽核結果的佐證。

9.3　管理審查

高階管理者應按計畫定期地審查組織的環境管理系統，以確保其持續具有適切性、充分性及有效性。

管理審查應包括下列的考量：

a)　先前管理審查採取的行動狀態；

b)　下列的變更：

　　1)　有關環境管理系統的外部與內部議題；

　　2)　利益關係者的需求與期望，包括履約義務；

　　3)　組織的重大環境考量面；

　　4)　風險與機會；

c)　環境目標符合的程度；

d)　組織環境績效資訊，包括下列趨勢：

　　1)　不符合事項與矯正行動；

　　2)　監控與量測結果；

　　3)　符合其履約義務；

　　4)　稽核結果。

e)　充足的資源；

f)　來自外部利害相關團體的溝通訊息；

g)　持續改善的機會；

管理審查的輸出應包括：

－環境管理系統的適切性、充分性及有效性的結論；

－與持續改善機會相關的決定；

－改變環境管理系統的任何需要，包含資源需求；

－目標未達成採取需要的行動；

－需要時，改善任何環境管理系統與其他營運過程整合的機會；

－組織策略方向的任何可能影響。

組織應保留文件化資訊，做為管理審查結果的佐證。

10 改善

10.1 概述

組織須決定改善的機會(參條文 9.1、9.2 和 9.3)並執行必要行動以達成其環境管理系統的預期結果。

10.2 不符合和矯正行動

當不符合事項發生時，組織應：

a)　針對不符合項目採取適當回應：

　　1)　採取行動予以管控及改善；

　　2)　處理後果，包括緩和不良環境影響；

b)　藉由下列方式評估消除不符合起因的行動需求，以確定不符合項目不再發生或發生在其它地方；

　　1)　審查不符合；

　　2)　決定不符合起因；

　　3)　確定類似的不符合項目是否存在，或可能發生。

c)　實施需要的矯正行動；

d)　審查所採取之矯正行動的效益；

e)　需要時變更環境管理系統。

矯正行動應能適當因應不符合結果之重大性，包括環境影響。組織應保留文件化資訊，做為下列的佐證。

國際標準驗證
International Quality Management System

－不符合項目的本質及隨後採取之因應行動；

－矯正行動的結果。

10.3 持續改善

組織應持續改善環境管理系統的適切性、充分性及有效性，以提升環境績效。

附錄 D

安全與衛生管理系統-要求
Safety&Health Management Systems
ISO 45001：2018 國際標準 IS 版

3 術語和定義

本文件採用下列各項術語和定義。

ISO 和 IEC 維護用於標準化的術語資料庫，網址如下：

ISO 線上瀏覽網址請見 https：//www.iso.org/obp

IEC Electropedia 請見 http：//www.electropedia.org/

3.1 組織

有屬於自己的功能、職責和關係，以實現目標的個人或團體(3.16)

備註 1：所謂的組織包含但不限於自營商、公司、集團、商行、企業、機關、合夥企業、協會、慈善團體或機構或者以上各團體的其中一部分或組合，不論是否屬於有限責任、上市或私有。

備註 2：此為 ISO／IEC 指令合併 ISO 補充文件第 1 部分附錄 SL 提出 ISO 管理系統標準的常用術語和重要定義之一。

3.2 利害關係者(interested party 首選用詞) / 利害關係人 (stakeholder 公認用詞)

可以影響、受影響、或察覺自身會因某個決定或活動而受影響的個人或組織(3.1)。

備註 1：此為 ISO／IEC 指令合併 ISO 補充文件第 1 部分附錄 SL 提出 ISO 管理系統標準的常用術語和核心定義之一。

3.3　工作者

在組織(3.1)管控下從事工作或與工作相關活動的人員。

備註 1：人員從事工作或與工作相關的活動有各種不同的安排方式、有償性或無償性、定期性或臨時性、間歇性或季節性、偶然的或兼職為主的。

備註 2：工作者包括高階管理者(3.12)，管理職和非管理職人員。

備註 3：在組織管控下之工作或與工作相關的活動可由組織聘顧之員工、外部供應商之工作者、承攬商、個人、代理工作者和組織根據組織背景管控其工作或相關活動的其他人員。

3.4　參與

參與決策。

備註 1：參與包括從事職業安全衛生委員會和工作者之代表，適用時。

3.5　諮詢

決策前徵尋意見。

備註 1：諮詢包括從事職業安全衛生委員會和工作者之代表，適用時。

3.6　工作場所

組織(3.1)管控下之場所，為人員因工作目的而需要停留或需要前往的地點。

備註 1：組織在職業安全衛生管理系統(3.11)中對工作場所應負的責任取決於對工作場所管控之程度。

3.7　承攬商

依據約定規格、條款和條件向組織提供服務的外部組織(3.1)。

備註 1：服務可包括建造活動…等。

3.8　要求

被陳述，一般意指的或強制性的需求或期望。

備註 1： 「一般意指的」是指對組織(3.1)及利害關係者(3.2)而言考量下的需求或期望為意指的成為一種慣例或常規。

備註 2： 特定的要求是指，例如在文件化資訊(3.24)中被陳述的要求。

備註 3： 此為 ISO／IEC 指令合併 ISO 補充文件第 1 部分附錄 SL 提出 ISO 管理系統標準的常用術語和核心定義之一。

3.9　法規和其它要求

指組織(3.1)應遵守的法規要求(3.8)及組織必須或選擇遵守的其他要求。

備註 1：本文件中法規和其它要求與職業安全衛生管理系統(3.11)相關。

備註 2：法規和其它要求包括集體協議中之規定。

備註 3：法規和其它要求包括根據法律、法規、集體協議和慣例決定工作者(3.3)代表。

3.10　管理系統

一套組織(3.1)的相互關聯或相互作用的要素，用以建立政策(3.14)、目標(3.16)和過程(3.25)以達成目標。

備註 1： 管理系統可以處理單一或多個專業領域。

備註 2： 系統要素包括組織結構、角色與職責、規劃與運作、績效評估與改善。

備註 3： 管理系統適用範圍可包括整個組織、或特定及指定的組織功能、或特定及指定的組織部門、或一個甚至數個跨組織團體的功能。

備註 4： 此為 ISO／IEC 指令合併 ISO 補充文件第 1 部分附錄 SL 提出 ISO 管理系統標準的常用術語和核心定義之一。備註 2 之修正以闡明管理系統更廣泛之要素。

3.11　職業安全衛生管理系統

用以實現職業安全衛生政策(3.15)之管理系統(3.10)或部份管理系統。

備註 1：職業安全衛生管理系統的預期成果是預防工作者(3.3)傷害和不健康並提供衛生安全之工作場所(3.6)。

備註 2：術語「職業安全衛生(OH&S)」和「職業衛生安全(OSH)」含義相同。

3.12　高階管理者

在最高階層主導及管控組織(3.1)的個人或團體。

備註 1：高階管理者有授權及在組織內提供資源的權力，並對職業安全衛生管理系統 (3.11)負最終責任。

備註 2：若管理系統(3.10)的範圍只涵蓋組織的一部分，則高階管理者是指那些主導 及管控這部分組織的人員。

備註 3：此為 ISO／IEC 指令合併 ISO 補充文件第 1 部分附錄 SL 提出 ISO 管理系統 標準的常用術語和核心定義之一。備註 1 之修正以闡明高階管理者在職業安 全衛生管理系統的職責。

3.13　有效性

規劃的活動所實現及規劃的結果所達成的程度。

備註 1：此為 ISO／IEC 指令合併 ISO 補充文件第 1 部分附錄 SL 提出 ISO 管理系統 標準的常用術語和核心定義之一。

3.14　政策

由高階管理者(3.12)所正式表達的組織(3.1)之意圖及方向。

備註 1：此為 ISO／IEC 指令合併 ISO 補充文件第 1 部分附錄 SL 提出 ISO 管理系統 標準的常用術語和核心定義之一。

3.15　職業安全衛生政策

預防工作者之傷害和不健康(3.18)並提供衛生安全之工作場所(3.6)的政策(3.14)。

3.16　目標

預計達成之結果。

備註 1：目標可為策略的、戰術的或運作的。

備註 2：目標可能與不同的專業領域相關(如：財務、健康與安全、及環境目標)，而 且適用於不同層面(如：策略、組織範圍、專案、產品、服務及過程(3.25))。

備註 3： 目標可用其它方式表達，例如：預期成果、目的、運作準則、作為職業安全衛生目標(3.17)、或使用類似意義的詞彙(例如：目標、目的、或指標)。

備註 4： 此為 ISO／IEC 指令合併 ISO 補充文件第 1 部分附錄 SL 提出 ISO 管理系統標準的常用術語和核心定義之一。原版備註 4 已刪除術語「職業安全衛生目標並在 3.17 中給予獨立定義。

3.17 職業安全衛生目標

由組織(3.1)制定之目標(3.16)用以具體實現與職業安全衛生政策(3.15)相符合之結果。

3.18 傷害和不健康

對人體、精神或認知狀況造成之不良影響。

備註 1：這些不良影響包括職業病、疾病和死亡。

備註 2：術語「傷害和不健康」意味存在傷害或身體不適，無論是單獨或同時使用。

3.19 危害

潛在導致傷害和不健康(3.18)之來源。

備註 1： 危害可包括有可能導致傷害或危險情況的來源，或暴露於有可能導致傷害和不健康的情況。

3.20 風險

不確定性的影響。

備註 1：偏離預期的結果－正或負面。

備註 2：所謂的不確定性係指，對某事件、其後果或可能性的資訊、理解或認知不足的狀態(即使只是部份的狀態)。

備註 3：風險往往是參照潛在的「事件」(如 ISO 指南 73：209，3.5.1.3 定義)和「後果」(如 ISO 指南 73：2009，3.6.1.3 中定義)，或其組合來賦予其特徵。

備註 4：風險經常表達為事件的後果(包括情況變化)和發生之「可能性」(如：ISO 指南 73：2009，3.6.1.1 中定義)的組合。

備註 5： 在本文件中，術語「風險和機會」用以表示對職業安全衛生之風險(3.21)、職業安全衛生之機會(3.22)和其他職業安全衛生管理系統的風險及機會。

備註 6： 此為 ISO／IEC 指令合併 ISO 補充文件第 1 部分附錄 SL 提出 ISO 管理系統標準的常用術語和核心定義之一。備註 5 增加對本文件中使用術語「風險和機會」之說明。

3.21 職業安全衛生風險

工作有關的危害事件或危害暴露發生的可能性與由前述危害事件或危害暴露導致受傷及不健康的嚴重程度(3.18)的組合。

3.22 職業安全衛生機會

一種或多種可能引導職業安全衛生績效(3.28)改善之情況。

3.23 能力

運用知識及技能達到預期成果的本領。

備註 1： 此為 ISO／IEC 指令合併 ISO 補充文件第 1 部分附錄 SL 提出 ISO 管理系統標準的常用術語和核心定義之一。

3.24 文件化資訊

需要被組織(3.1)管控和維持的資訊，及其媒介物。

備註 1：文件化資訊可以是任何格式或媒介且來自任何來源。

備註 2：文件化資訊可以參考：

a)管理系統(3.10)，包括相關過程(3.25)；

b)便於組織運作而建立的資訊(也可以被稱為文件)；

c)已達成結果之證據(也可稱為記錄)。

備註 3： 此為 ISO／IEC 指令合併 ISO 補充文件第 1 部分附錄 SL 提出 ISO 管理系統標準的常用術語和核心定義之一。

3.25 過程

一套將輸入轉換成輸出的相互關聯或相互作用的活動。

備註 1：此爲 ISO／IEC 指令合併 ISO 補充文件第 1 部分附錄 SL 提出 ISO 管理系統
標準的常用術語和核心定義之一。

3.26 程序

爲執行一項活動或一個過程(3.25)所特定之方法。

備註 1：程序可文件化或不文件化。

[來源：ISO 9000：2015，條文 3.4.5 修正-備註 1 已修正]

3.27 績效

可量測之結果。

備註 1：績效可能與定量或定性的發現有關。結果可以通過定性的或定量方法確定和
評估。

備註 2：績效可能與活動、過程(3.25)、產品(包含服務)、系統或組織(3.1)的管理有關。

備註 3：此爲 ISO／IEC 指令合併 ISO 補充文件第 1 部分附錄 SL 提出 ISO 管理系統
標準的常用術語和核心定義之一。備註 1 修正以闡明爲確定和評估結果可能
使用之方法種類。

3.28 職業安全衛生績效

與預防工作者傷害和不健康(3.18)以及提供安全和健康工作場所(3.6)的有效性(3.13)
相關之績效(3.27)。

3.29 外包

安排外部組織(3.1)執行組織部分之職能或過程(3.25)。

備註 1：雖然外包之職能或過程是在組織管理系統範圍內，但外部組織爲組織管理系
統範圍之外。

備註 2： 此為 ISO／IEC 指令合併 ISO 補充文件第 1 部分附錄 SL 提出 ISO 管理系統標準的常用術語和核心定義之一。

3.30 監督

決定系統、過程(3.25)或活動的狀態。

備註 1： 為確定其狀態，有可能需要檢查、監督或嚴謹地觀察。

備註 2： 此為 ISO／IEC 指令合併 ISO 補充文件第 1 部分附錄 SL 提出 ISO 管理系統標準的常用術語和核心定義之一。

3.31 量測

決定一個數值的過程(3.25)。

備註 1： 此為 ISO／IEC 指令合併 ISO 補充文件第 1 部分附錄 SL 提出 ISO 管理系統標準的常用術語和核心定義之一。

3.32 稽核

為取得稽核證據並客觀評估，以確定稽核準則被滿足之程度的系統性、獨立性與文件化的過程(3.25)。

備註 1： 稽核可為內部稽核(第一方)或外部稽核(第二方或第三方)，且其可以是合併稽核(合併二個或更多之專業)。

備註 2： 內部稽核由組織(3.1)自己實施或由外部方以組織名義實施。

備註 3： 「稽核證據」和「稽核準則」皆定義於 ISO 19011。

備註 4： 此為 ISO／IEC 指令合併 ISO 補充文件第 1 部分附錄 SL 提出 ISO 管理系統標準的常用術語和核心定義之一。

3.33 符合

滿足要求(3.8)。

備註 1： 此為 ISO／IEC 指令合併 ISO 補充文件第 1 部分附錄 SL 提出 ISO 管理系統標準的常用術語和核心定義之一。

3.34 不符合

未滿足要求(3.8)。

備註 1： 不符合係與與本文件內之要求及組織(3.1)自行額外建立之職業安全衛生管理系統(3.11)要求相關。

備註 2： 此為 ISO / IEC 指令合併 ISO 補充文件第 1 部分附錄 SL 提出 ISO 管理系統標準的常用術語和核心定義之一。備註 1 新增以闡明不符合與於本文件要求中之關係及與組織自身對其職業安全衛生管理系統之要求之關係。

3.35 事件

因工作或在工作過程中引發的可能或已造成之傷害和不健康(3.18)的情況。

備註 1： 有時傷害和不健康發生之事件稱之為「意外」。

備註 2： 未發生但有可能造成傷害和不健康的事件通常稱為「虛驚事件」在英文中也可稱為 " near-miss " ，" near-hit " 或 " close call " 。

備註 3： 儘管一個事件可能存在一個或多個不符合(3.34)，但沒有不符合時也可能發生事件。

3.36 矯正措施

消除不符合(3.34)或事件(3.35)的原因及預防再發生之行動。

備註 1： 此為 ISO / IEC 指令合併 ISO 補充文件第 1 部分附錄 SL 提出 ISO 管理系統標準的常用術語和核心定義之一。其定義已修正闡明來包含對「事件」的引用，因事件為職業安全衛生之重要因素，解決事件所需之活動就如同解決不符合事項一樣，皆需透過矯正措施。

3.37 持續改善

提升績效(3.27)之循環性活動。

備註 1： 提升績效是與為了達成與職業安全衛生政策(3.15)及職業安全衛生目標(3.17)相符的整體職業安全衛生績效(3.28)的改善所使用的職業安全衛生管理系統(3.11)相關。

備註 2： 持續並不代表不間斷，所以活動不需要在所有領域同時進行。

備註 4： 此為 ISO／IEC 指令合併 ISO 補充文件第 1 部分附錄 SL 提出 ISO 管理系統標準的常用術語和核心定義之一。備註 1 已新增闡明在職業安全衛生管理系統背景下「績效」之含義；備註 2 已新增闡明「持續」的含義。

4 組織背景

4.1 瞭解組織及其背景

組織須決定和其目的與目標相關的外部與內部課題，這些課題會影響組織達到職安衛管理系統預期成果的能力。

4.2 瞭解利害相關者的需求和期望

組織須決定：

a)　和職安衛管理系統相關的利益相關者；

b)　利益相關者的要求，相關的要求中那些屬於適用法令的規定和組織所簽署自願性協議的要求。

4.3 決定職安衛管理系統的範疇

組織須決定職安衛管理系統的範圍和適用性，以便建立職安衛管理系統的範疇。

當決定範疇時，組織須考量：

a)　和 4.1 相關的外在和內在議題；

b)　和 4.2 相關的要求；

c)　工作場所執行的功能。

職安衛管理系統範疇須包括所有作業、組織掌控產品或服務及其他左右職安衛績效的影響因素。範疇須以文件化資料的方式提供。

4.4 職安衛管理系統

組織須依照本國際標準的要求，建立、執行、維持和持續改善職安衛管理系統，包括所需的程序和程序之間的相互作用。

5 領導

5.1 領導和承諾

高階主管必須以下述方式彰顯他們對職安衛管理系統的領導和保證：

a) 確認職安衛管理系統建置時，已考慮組織背景和潛在的職安衛風險；

b) 確認以系統化的方式辨識工作場所的危害、評估風險並予以排序，並且採取改善職安衛績效的必要措施；

c) 確認已建立職安衛政策和相關的職安衛目標，並確認政策、目標和組織策略發展方向是兼容的；

d) 策略規劃時考慮職安衛績效；確認職安衛管理系統要求和組織營運程序的整合；確認提供職安衛管理系統建置、運作、維持和持續改善所需適當的財務、人力和組織性資源；

e) 確認組織建立勞工(若適當，包括勞工代表)諮商和積極參與職安衛管理系統建置、執行、維持和持續改善的程序，包括保護勞工免於受到委屈；

f) 溝通有效的職安衛管理和符合職安衛管理系統要求的重要性；

g) 確認職安衛管理系統可以達到預期結果；

h) 指導和支持人員致力於職安衛管理系統的有效性；

i) 宣導持續改善；

j) 鼓勵、支持其他相關的管理職位彰顯他們對職安衛所負責任和其他營運管理相同；

k) 鼓勵和引導職安衛管理系統應有的組織文化；

l) 確認受組織管轄人員都瞭解他們對職安衛管理系統應負的責任及他們作為(不論是所採取的行動或未採取的行動)對工作場所其他人員可造成的後果。

5.2 政策

高階主管須建立具有下述特性的職安衛政策：

a) 和組織營運目的、職安衛風險和改善機會特性相符；

b) 提供設定和達到職安衛目標的架構；

c) 包括滿足適用法律和其他組織所簽署自願性要求的保證；

d) 包括利用風險層級控制的原則控制職安衛風險的保證；

e) 包括以持續改善職安衛管理系統提升組織職安衛績效的保證；

f) 包括勞工(若適當，包含勞工代表)諮詢和參與的保證。

職安衛政策須：

a) 以文件化資訊的方式展現；

b) 與受組織管理管轄工作人員溝通；

c) 適當地提供給利益相關者；

d) 定期審查以確認該政策仍屬切題與適切。

5.3 組織的角色、責任、權責(或承擔責任)及授權

高階主管須指派其中一位或一位以上成員，負起職安衛政策和職安衛管理系統的承擔責任。

高階主管須確認已指派並溝通組織內部所有層級和職安衛管理系統相關職位的責任、承擔責任和職權，並以書面化資料保存。

高階主管須針對下述項目，指派責任和職權：

a) 確認職安衛管理系統符合本國際標準要求；

b) 呈報高階主管職安衛管理系統績效。

5.4 工作者的諮詢及參與

組織應建立、實施和維持在適當層級與部門之工作者與(若有)工作者代表諮詢及參與改善職業安全衛生管理系統的發展、規劃、實施、績效評估及措施之過程。

組織應：

a) 對諮詢及參與活動提供所需要的機制、時間、訓練和資源；

備註 1：工作者代表可以成為諮詢和參與的一種機制。

b) 提供有關職業安全衛生管理系統清楚的、易於理解的相關資訊之即時管道；

c) 決定和排除阻礙或影響參與的障礙，並盡量減少那些不能被排除的部分；

備註 2： 阻礙和障礙可以包括未能回應工作者的看法或建議、語言或文字障礙、報復或恐嚇及勸阻或處罰工作者參與的政策或作法。

d) 強調下列非管理職工作者的諮詢：

    1) 決定利害關係者的需求與期望(見 4.2)；

    2) 建立職業安全衛生政策(見 5.2)；

    3) 指派組織之角色、責任和權限，適用時(見 5.3)；

    4) 決定如何履行法規和其它要求(見 6.1.3)；

    5) 建立職業安全衛生目標及規劃實現(見 6.2)；

    6) 決定對外包、採購和承攬商的適當管控(見 8.1.4)；

    7) 決定什麼需要被監控、量測和評估(見 9.1)；

    8) 規劃、建立、實施和維持稽核計畫(見 9.2.2)；

    9) 確保持續改善(見 10.3)。

e) 強調非管理職工作者參與以下項目：

    1) 決定他們參與和諮詢的機制；

    2) 識別危害並評估風險和機會(見 6.1.1，6.1.2)；

    3) 決定行動以消除危害並降低職業安全衛生風險(見 6.1.4)；

    4) 決定能力要求，訓練需求，訓練和訓練評估(見 7.2)；

    5) 決定什麼是需要溝通的資訊以及該如何執行(見 7.4)；

    6) 決定管控措施及其有效執行與運用(見 8.1，8.1.3 和 8.2)；

    7) 調查意外和不符合事項並決定矯正措施(見 10.2)。

備註 3： 強調非管理工作者的諮詢和參與，旨在適用於從事工作活動的人員，而不是要排除在組織中受到工作活動或其他因素影響的管理者。

備註 4： 在可能的情況下向工作者免費提供訓練並在工作時間提供訓練被認為可以消除工作者參與的重大障礙。

6 職安衛管理系統之規劃 Planning for the Safety

6.1 因應風險和機會的行動

6.1.1 概述

規劃職安衛管理系統時，組織須考慮的議題為 4.1(背景)、4.2(利益相關者)要求及 4.3(職安衛管理系統範疇)，並決定須考量的風險和機會，以：

a) 提供職安衛管理系統可達成預期結果的保證；

b) 預防或降低不理想的效應；達到持續改善。

當決定需因應的風險和機會時，組織須同時考慮：

a) 和職安衛管理系統運作有關的風險和機會，這些風險和機會將影響預期結果的達成；

b) 組織應同時考量：

1) 危害；

2) 職業安全衛生的風險和其他風險(見 6.1.2.2)；

3) 職業安全衛生的機會和其他機會(見 6.1.2.3)；

4) 法規要求和其他要求(見 6.1.3)。

組織在其規劃過程中應決定和評估風險和機會，此風險和機會相關於伴隨著組織內的、過程的或職業安全衛生管理系統的變更的職業安全衛生管理系統預期成果。在永久或暫時性計畫變更時，需於實施變更前進行此評估(見 8.1.3)。

組織應維持以下的文件化資訊：

a) 風險和機會；

b) 過程及需要採取的行動以決定和應對其風險和機會(見 6.1.2 至 6.1.4)，到有信心確保其按照計畫執行的程度。

6.1.2 危害鑑別

組織須建立、執行和維持程序以持續、主動的方式，辨識可能影響組織達成職安衛管理系統預期結果的危害。

6.1.2.1 危害識別

組織應建立、執行和維持對於危害的持續和主動的辨識過程。這個過程應考慮但不限於：

a) 工作是如何安排的，社會因素(包括工作量、工作時間、迫害，騷擾和霸凌)，領導和組織文化。

b) 例行和非例行活動及情況，包括以下項目引起的危害：

    1) 基礎設施、設備、材料、物質和工作場所的物理性條件；

    2) 產品及服務設計、研究、開發、測試、生產、裝配、施工、服務交付、維修和處置過程；

    3) 人為因素；

    4) 工作如何進行。

c) 過去的相關事件，包括組織內部或外部的緊急事件及其原因；

d) 潛在緊急情況；

e) 人員，包括考量：

    1) 有權限進出工作場所及接觸其活動，包括工作者、承攬商、訪客和其他相關人員；

    2) 在工作場所周邊會受到該組織活動影響之人員；

    3) 不受組織直接管控下之地點的工作者；

f) 其他議題，包括考量：

    1) 工作區域、過程、裝置、機械／設備，操作程序和工作組織的設計，包括所涉工作者對需求和能力的適應；

    2) 組織管控的工作相關活動，造成在工作場所周邊產生的狀況；

    3) 非組織管控下在工作場所周邊產生的狀況，造成工作場所裏的人員受傷和有身體危害；

g) 於組織、運作、過程、活動和職業安全衛生管理系統的實際或提議的變更(見8.1.3)；

h) 危害的知識和相關資訊的變更。

國際標準驗證
International Quality Management System

6.1.2.2 評估職業安全衛生風險與其它職業安全衛生管理系統風險

組織應建立、執行和維持一個過程(或多個過程)：

a) 由鑑別出的危害中評估職業安全衛生風險，並考量現行對其管控的有效性；

b) 決定和評估與職業安全衛生管理系統之建立、實施、運作和維持相關的其他風險。

組織對職業安全衛生風險評估的研究方法和準則應針對其範圍、性質和時機定義，以確保方法與準則為主動而非被動且以系統化方式使用。這些方法和準則，應以文件化資訊維持及保留。

6.1.2.3 評估職業安全衛生機會與其他它職業安全衛生管理系統的機會

組織應建立，實施和維持過程去評估：

a) 增加職業安全衛生績效的職業安全衛生機會，並考量到對組織，其政策、過程或活動的規劃變更：

    1) 工作者去適應工作、組織和環境的機會；

    2) 消除危害和降低職業安全衛生風險的機會；

b) 改善職業安全衛生管理系統的其他機會。

備註：職業安全衛生的風險和機會可以導致組織的其他風險和其他機會。

6.1.3 決定法令規章及其他要求事項

組織須建立、執行和維持程序，以：

a) 鑑別及獲得和組織職安衛風險及職安衛管理系統相關的現行法令要求和組織簽署的其他要求；

b) 決定如何落實和滿足上述要求。

組織須維持和保存下述文件化資料：

a) 法令要求和其他組織簽署的要求，以確認文件化資料的更新，以反應前述要求的變更；

b) 達成符合法令要求和其他組織所簽署要求的方式。

備註：法規和其他要求可能導致組織的風險和機會。

6.1.4 規劃措施

組織須建立、執行和維持程序，以：

a) 評估職安衛風險並予以排序；

b) 鑑別可以降低職安衛風險的機會；

c) 決定風險控制方式，所選擇方式應考慮法令和其他要求，同時也應參與 8.1.2 節所述風險控制架構；

d) 維持並更新職安衛風險評估、使用評估方法、評估結果及採用的控制措施等文件化資料。

組織需分析事故發生根本原因，必要時，並據以更新職安衛風險評估。

組織所使用的風險評估方法須根據範圍、特性與時機予以界定，以確認評估方法是主動而非被動的，而且是以系統化的方式執行。

當組織、程序或職安衛管理系統變更時，組織須鑑別前述變更衍生的危害，並評估職安衛風險及機會，預計執行的變更，不論是永久或臨時的，變更執行前，須完成前述評估。組織須保留預計執行變更適當的文件化資料，包括相關職安衛風險評估。

組織須規劃：

a) 因應風險和機會的行動(參考 6.1.2 和 6.1.4)；

b) 緊急狀況整備和因應的行動；

c) 相關行動和職安衛管理系統程序整合和執行的方式，包括控制機制的應用；

d) 評估相關行動有效性並據以因應的方式。

組織須將前述計畫執行結果以文件化資料的方式保留。

6.2 職安衛目標與達成目標之規劃

6.2.1 職安衛目標

組織須針對相關功能和層級建立職安衛目標，以維持和改善職安衛管理系統和持續改善職安衛績效。

當設定職安衛目標時，組織須考慮技術選擇性、財務、運作和營運要求。

組織須考慮勞工(若可行，包括勞工代表)和其他利益相關者的參與。

職業安全衛生目標應：

a)　與職業安全衛生政策相一致；

b)　是可量測(如可行)或能夠評估績效；

c)　將下述納入考量：

　　1)　適用的要求。

　　2)　風險和機會的評估結果(見 6.1.2.2 及 6.1.2.3)；

　　3)　工作者(見 5.4)及工作者代表(若有時)諮詢時的結果；

d)　可被監控；

e)　被傳達溝通；

f)　適時地更新。

6.2.2　達成職安衛目標之規劃

當規劃達成職安衛目標機制時，組織須決定：

a)　需要做什麼？

b)　需要什麼資源？

c)　負責人員是誰？

d)　需完成的時間？

e)　以什麼方式監督？

f)　如何評估結果？

g)　如何將職安衛目標融入營運程序？

組織須以文件化資料的方式，保存職安衛目標及達成目標的相關計畫。

7　支援

7.1　資源

為提升職安衛績效，組織須決定並提供職安衛管理系統建置、執行、維持和持續改善所需要的資源。

7.2 　能力

組織須：

- 決定在組織掌控下從事作業人員必要的專業能力標準，這些作業將影響或能影響組織職安衛績效；
- 以適當的教育、訓練、資格和經驗為基礎，確認相關人員的專業能力；
- 若可行，採取培養必要專業能力的措施，並評估所採取措施的有效性；
- 保留適當的文件化資料作為專業能力的佐證。

7.3 　認知

受組織直接或間接管控人員作業或執行與作業相關活動時，不論例行或臨時，須認清和瞭解：

a)　職安衛政策；

b)　他們對職安衛管理系統的貢獻，包括職安衛績效改善的效益；

c)　不符合職安衛管理系統要求可能的後果，包括所執行活動的後果，不論實際發生或可能發生的後果；

d)　相關事件涉及的資訊和學習的教訓。

e)　與他們相關的危害和職業安全衛生風險及確定行動；

f)　他們認為這些工作對他們的生命或健康構成迫切及嚴重危險時，自己從工作情況中排除的能力，並安排提供工作者保護他們免受不當的後果。

7.4 　溝通、參與及諮詢

7.4.1 資訊和溝通

組織須決定內部和外部與職安衛管理系統相關資訊與溝通的需求，包括職安衛管理系統相關的決策。

組織須訂定告知和溝通的目標，並須評估是否已達成相關目標。

組織考量資訊和溝通需求時，須考慮多元化面向如語言、文化和讀寫能力。

包括決定：

a)　將溝通什麼；

b)　何時溝通；

c)　對誰溝通：

　　1)　對組織內部各階層和部門之間；

　　2)　到工作場所的承攬商和訪客；

　　3)　其他利害關係者間；

d)　如何溝通；

當組織考量溝通的需求時，應考量多樣考量面(例如：性別、語言、文化、識字、殘疾)。

組織應確保在建立溝通程序時，考量外部利害關係者的看法。

當組織建立溝通程序時，組織應：

a)　考量法規和其他要求；

b)　確保職業安全衛生的溝通資訊與職業安全衛生管理系統中發生的資訊一致，且是可靠的。

組織應對其職業安全衛生管理系統的相關溝通做出回應。

如適用，組織應保留文件化資訊作為其溝通的證據。

7.4.2　參與、諮商和代表

組織須建立程序以確認不同層級和不同功能勞工有效參與職安衛管理系統，可行的方式有：

● 提供勞工(若適當，包括勞工代表)相關機制、時間和必要的資源，至少參與下述程序：

　　a)　政策制定(5.2 節)；

　　b)　規劃(條文 6)；

　　c)　運作(執行)(條文 8)；

　　d)　績效評估與改善(評估、矯正措施、預防措施)(條文 9 和 10)；

　　e)　適時提供勞工(若適當，包括勞工代表)職安衛管理系統相關資訊；

f) 隨時辨識和移除參與障礙；

g) 鼓勵適時呈報工作相關危害、風險與事件。

組織須確認於適當時機，與外部利益相關者諮商職安衛管理系統相關事宜。

組織所有成員，不論層級，須履行他們被指派的職安衛管理系相關責任，包括遵守組織為預防傷害或不良健康影響的規定。

7.5　文件化資訊

7.5.1　通則

組織職安衛管理系統需包括：

a) 職安衛管理系統要項、要項之間相互作用和相關文件化資訊的說明；

b) 本國際標準要求的文件化資訊；

c) 組織所決定的職安衛管理系統有效運作必備的文件化資訊。

7.5.2　建置和更新

當建置和更新文件化資料時，組織須確認適當的：

a) 識別和描述如名稱、時間、撰寫人或文件編號；

b) 格式如語言、軟體版本、圖件及儲存媒介如紙本、電子檔；

c) 適宜性和充分性審查與核准，以確認能被使用者瞭解。

7.5.3　文件化資料管控

本文件和職業安全衛生管理系統所要求的文件化資訊應予以管控，以確保：

a) 於需要時，任何時間與地點都可以取得且適合使用；

b) 已充分保護(例如：避免機密性喪失、使用不當或失去完整性)。

組織應在適用時應考量下列活動來管控文件化資訊：

a) 分發、存取、檢索及使用；

b) 儲存和保存，包含保持其可辨讀之狀態；

c) 變更的管控(如：版本管控)；

d) 保留和處置。

適當時，組織所決定之職業安全衛生管理系統規劃和運作所需的外來文件化資訊，應被鑑別和管控。

備註 1： 存取一詞可視為允許僅限於查閱文件化資訊，或受許可與授權查看及變更文件化資訊之決定。

備註 2： 存取有關的文件化資訊包括由工作者，及工作者代表(若有)的存取。

8 營運

8.1 作業規劃與管制

8.1.1 通則

組織須規劃、執行和控制必要的程序，以滿足職安衛管理系統要求，包括預防，並以下述方式執行第 6 章所決定的行動：

- 確認和所辨認危害相關的程序，這些程序包括預防性的控制方式的執行，是職安衛風險管理必備的條件；
- 建立必須予以控制的程序的判定基準；
- 根據所建立的基準，執行相關程序的控制；
- 適時更新所確定控制相關文件化資料，以建立相關程序已依規劃的方式執行的信心；
- 須包括缺少文件化資料可能造成違反或偏離職安衛政策和職安衛目標的情況。組織採取的行動須包括必要的強制執行和監督。

8.1.2 控制的層次結構

組織須依下述層次結構，建立足以達到風險降低的程序：

- 消除危害；
- 以較不危害的物質、程序、作業或設備取代；
- 利用工程控制；

- 利用安全標示、標記和警告(示)裝置和行政控制；
- 使用個人防護具。

組織建立、執行和維持職安衛管理系統時，須確認已將職安衛風險和所決定的控制納入考量。

8.1.3 變更管理

組織須事先規劃和管理任何職安衛管理系統的變更，不論是臨時性或永久性的變更，以確認上述變更不會影響職安衛績效。

組織也應建立預期變更的執行和控制程序，管理變更和變更所衍生職安衛風險的責任和授權，應予以確認。

8.1.4 採購

8.1.4.1 概述

組織應建立、實施及維持一個過程，管控產品和服務的採購，以確保其符合職業安全衛生管理系統。

8.1.4.2 承攬商

組織應與其承攬商協調其採購過程以便識別危害和評估及管控下列活動衍生的職業安全衛生風險：

a) 承攬商其影響組織的活動和運作；

b) 組織其影響承攬商工作者的活動和運作；

c) 承攬商其在工作場所影響其他利害關係者的活動和運作。

組織應確保承攬商和其工作者滿足組織職業安全衛生管理系統的要求。於選擇承攬商時組織的採購過程應定義和應用職業安全和衛生準則。

備註：在合約文件中納入選擇承攬商的職業安全和衛生準則是有幫助的。

國際標準驗證
International Quality Management System

8.1.4.3 外包

組織應確保外包功能和過程的管控。組織應確保其外包安排符合法規要求和其他要求，並符合職業安全衛生管理系統預期成果的達成。欲實施於外包功能和過程的管控類型和程度應在職業安全衛生管理系統中定義。

備註：與外部供應商的協助有助於組織應對任何外包對職業安全衛生績效的影響。

8.2 緊急應變

組織應建立、實施及維持一個需要去準備和回應潛在緊急情況的過程，如 6.1.2.1 中所識別的，包括：

a) 建立緊急應變計畫及包括提供急救；

b) 提供關於應變計畫的訓練；

c) 定期測試和演練規劃的應變能力；

d) 績效評估及必要時修訂應變計畫，包括測試後，尤其是緊急狀況發生後；

e) 溝通及提供給所有的工作者他們的責任和職責的相關資訊；

f) 向承攬商、訪客、緊急應變單位、政府機關及(適當時)當地社區溝通相關資訊。

g) 如適用，在計畫應變的發展時，考量所有相關利害關係者的需要及能力和確保他們參與。

組織應維持並保留過程和潛在緊急狀況應變計畫之文件化資訊。

9 績效評估

9.1 監督、量測、分析及評估

9.1.1 通則

組織須決定：

a) 需要量測和監督的對象，以滿足本國際標準、法令和其他組織所簽署的要求；

b) 組織可用於量測職安衛績效的基準；

c) 監督、量測、分析和評估的方法，以確認結果的有效性；

d) 監督和量測的時機；

e) 須執行監督和量測結果分析和評估的時機。

組織須評估管理績效和管理系統的有效性。

組織亦須保留相關文件化資料，以作為監督、量測、分析和評估結果的證據。

9.1.2 符合性評估

組織須建立、維持本國際標準、法令和其他組織所簽署的要求符合性評估程序。

組織應：

a) 決定符合性評估的頻率和方法；

b) 評估符合性，如需要時採取行動(見 10.2)；

c) 維持符合法規和其它要求的狀態的知識和理解；

d) 保留符合性評估結果的文件化資訊。

9.2　內部稽核

9.2.1 內部稽核目的

組織須依規劃的時段，執行內部稽核，以便提供可用於判斷職安衛管理系統是否達成下述要求的資訊：

a) 符合

b) 組織所建置職安衛管理系統的要求

c) 本國際標準的要求

d) 已有效執行和維持管理系統

9.2.2 內部稽核程序

組織須：

a) 規劃、建立、執行和維持稽核方案，包括頻率、方法、責任、規劃要求和報告機制，且須考慮職安衛管理系統相關程序、績效評估結果和前次稽核結果的重要性；

b) 界定每次稽核的準則和範圍；

c) 選擇可確認客觀和稽核程序公正性的稽核員及稽核方式；確認稽核結果呈報相關管理階層；

d) 保留文件化資料以作為結果的證據。

9.3 管理審查

高階主管須定期審查組織建立的職安衛管理系統，以確認該系統的適宜性、充分性及有效性。

高階管理者應按計畫定期審查組織的職業安全衛生管理系統，以確保其持續的適切性、充分性及有效性。

管理審查應考量，包括：

a) 先前管理審查行動的執行狀況；

b) 有關職業安全衛生管理系統之外部與內部議題的變更，包括：

1) 利害關係者的需求與期望；

2) 法規和其他要求；

3) 組織的風險和機會；

c) 符合職業安全衛生政策和職業安全衛生目標的程度；

d) 職業安全衛生績效的資訊，包括下列趨勢：

1) 事件、不符合、矯正措施和持續改善；

2) 監控與量測結果；

3) 法規和其他要求符合性的評估結果；

4) 稽核結果；

5) 工作者諮詢和參與；

6) 風險和機會；

e) 維持有效職業安全衛生管理系統的適當資源；

f) 與利害關係者相關的溝通；

g) 持續改善的機會。

管理審查的輸出應包括相關於下列的決定：

a) 職業安全衛生管理系統於達成預期結果的持續的適切性、充分性及有效性；

b) 持續改善的機會；

c) 職業安全衛生管理系統變更的任何需要；

d) 所需資源；

e) 行動，若需要時；

f) 改善職業安全衛生管理系統與其他營運過程整合的機會；

g) 對組織策略方向的任何含義。

高階管理者應與相關工作者及(若有)工作者代表溝通管理審查之相關輸出。

組織應保留文件化資訊作為管理審查結果的佐證。

10 改善

10.1 概述

組織應確定改善的機會，並實施必要的行動以達成職業安全衛生管理系統的預期成果。

10.2 事件、不符合事項及矯正措施

當事件或不符合事項發生時，組織須：

a) 及時因應事件或不符合事項，且若可行須：

b) 採取行動以控制、遏止和矯正不符合事項。

處理後果組織也須評估可消除不符合事項造成原因的行動，包括：

a) 審查不符合事項決定造成不符合事項的原因鑑別管理系統其他環節可能存在類似的不符合事項評估可確認不符合事項不會再度發生或在其他環節發生的行動需求；

b) 決定並執行所需的行動；

c) 審查所採取矯正措施的有效性，和必要時，修正管理系統。

矯正措施須和所面對的不符合事項的影響程度相對應。

組織須保留文件化資訊，以證明：

國際標準驗證
International Quality Management System

不符合事項的特性和任何所採取的行動，和任何矯正措施的結果。

10.3 持續改善

組織應持續改善職業安全衛生管理系統的適切性、充分性和有效性，藉由：

a) 提升職業安全衛生績效；

b) 推動支持職業安全衛生管理系統的文化；

c) 推動工作者參與實施職業安全衛生管理系統持續改善的行動；

d) 向相關工作者及工作者代表(若有)溝通持續改善的結果；

e) 維持及保留文件化資訊作為持續改善結果的佐證。

附錄 E

醫療器材品質管理系統-要求
Medical devices--Quality management systems
ISO 13485：2016 國際標準 IS 版

1　範圍

1.1　概述

本標準為有下列需求的組織規定了品質管理系統要求：證實其有能力穩定地提供符合顧客和適用的法規要求的產品；藉由系統的有效應用，包括系統過程的持續改善和保証符合顧客與　適用的法規要求，以提高顧客滿意的目的。

備註 1：在本標準中所言之"產品"僅適用於提供顧客預期或要求的產品。產品實現過程中所產生的預期性之輸出。

備註 2：法令及法規之要求可用法定要求來表示。

1.2　應用

本標準所規定的要求是通用的，以期適用於各種類型、不同規模和提供不同產品的所有組織。

當本標準的任何要求由於其組織及產品的特點而不適用時，可對此要求考慮進行排除。

排除限于第七章中那些不影響組織提供滿足顧客和適用法規要求的產品的能力或責任的要求，否則不能聲稱符合本標準。

2　引用標準

通過在本標準中的引用，下列標準包含了構成本標準規定的內容。對版本明確的引用標準，該標準的增補或修訂不適用。但是，鼓勵使用本標準的各方探討使用下列標準最新版本的可能性。

ISO 9000：2015 品質管理系統－基本原理和術語

3　術語和定義

本文件的目的，採用 ISO 9000：2015 所給予的術語和定義及以下的運用。

3.1　預警通告 advisory notice

指在醫療器材交貨後，由組織發佈之通知，以提供補充資訊或建議宜採取之措施；包括：醫療器材的使用，醫療器材的修正，醫療器材的回收，或醫療器材的銷毀。

註 1：預警通告的發佈要符合適用法規的規定。

3.2　授權代表 authorized representative

在一個國家或行政管轄區域範圍內，經製造商以書面委託代表製造商履行隨後在此國家或行政管轄區域排行指定工作之自然人或法人。

[來源：GHTF/SG1/N055：2009， 5.2]

3.3　臨床評估 clinical evaluation

評量和分析與醫療器材有關的臨床資料，當按照製造商的預期使用，以驗證醫療器材的安全和性能。

[來源：GHTF/SG5/N4： 2010， Clause 4]

3.4 抱怨 complaint

指任何以書面、電訊、口頭的方式，反映有關對從組織管制中放行或售後服務的醫療器材，所發現在其特性、品質、耐用性、可靠性、使用性、可用性、安全性或醫療器材性能不足的癥狀。

註 1：此處"抱怨"的定義不同於 ISO 9000：2015 的定義。

3.5 經銷商 distributor

在供應鏈中的通路商或代表，能促使醫療器材爲最終用戶所取得的自然人或法人。

註 1：可能有一個以上的經銷商參與進供應鏈中。

註 2：在供應鏈中代表生產商、進口商或經銷商進行儲存和運輸的法人或自然人，不屬該定義中的經銷商。[來源：GHTF/SG1/N055：2009， 5.3]

3.6 植入式醫療器材 implantable medical device

指只能通過內科或外科手段取出來達到下列目的的醫療器材：

全部或部分插入人體或自然腔道中；或

替代上表皮或眼表面，和；

在體內至少存留 30 天。

註 1：植入式醫療器材包括有源植入式醫療器材。

3.7 進口商 importer

在醫療器材供應鏈中排在首位，使在其他國家或管轄區製造的醫療器材能夠交貨在其國家或管轄區市場上的自然人或法人。

[來源：GHTF/SG1/N055：2009， 5.4]

3.8 標記 labelling

標籤、使用指導書和其他相關的資訊，包括此醫療器材的標識、技術說明、使用目的和使用說明書，但不包含貨運文件。[來源：GHTF/SG1/N70：2011， 第 4 章]

3.9 生命週期 life-cycle

在醫療器材的生命中，從最初的醫療器材概念到最終停用和報廢處置的所有階段。[來源：ISO 14971：2007， 2.7]

3.10 製造商 manufacturer

以其自身名義使醫療器材可以獲取使用，是對醫療器材的設計及/或製造負責的自然人或法人；無論該醫療器材是由其設計及/或製造，還是由其他人代表其實施。

註 1：此"自然人或法人"應確保符合預期銷售或醫療器材使用的國家或管轄區所有適用法規規安，並對其負有最終的法律責任，除非在其管轄區任監管機構明確地將該責任施加於其他人。

註 2：製造商的責任在其他內 GHTF 指導文件中有描述，這些責任包括符合上市前要求和上市後要求，例如不良事件報告和矯正措施通知。

註 3：依照上述定義，"設計及/或製造"可以包括醫療器材規格開發、生產、裝配、組裝、加工、包裝、重新包裝、標記、重新標記、滅菌、安裝、或重新製造；為實現某一醫療目的，而將一些器材和其他產品組合在一起。

註 4：任何人為單個患者的使用，依照使用說明，對其他人提供的醫療器材進行拼裝或改裝的(同時，未因拼裝或改裝改變醫療器材預期用途)，不屬於製造商。

註 5：更改或改變醫療器材的預期用途，不是代表原始製造商而是以其自身的名義使得醫療器材可獲得使用的任何人，應當被認為是醫療器材改裝製造商。

註 6：授權代表、經銷商或進口商只將其位址和聯繫方式內容附加到醫療器材或包裝上，但並沒有覆蓋或改變已有標籤，不得認為是製造商。

註 7：在一定程度上，醫療器材附件應遵照醫療器材的法規要求，對其設計及/或製造負責的人應認為是製造商。[來源：GHTF/SG1/N055：2009， 5.1] 全球醫療器材法規調和會(Global Harmonization Task Force，GHTF)

3.11 醫療器材 medical device

不論單獨或組合使用的儀器、設備、器具、機器、用具、植入物、體外試劑、軟體或其他相似或相關物品，製造商的預期用途是爲用於人類的下列一個或多個特定醫療目的。這些目的是：

對疾病的診斷、預防、監護、治療或者緩解；對傷口的診斷、監護、治療、緩解或者補償；對解剖或生理過程的研究、替代、調節或者支持；支援或延續生命；妊娠控制；醫療器材的消毒；藉由對取自人體的樣本進行體外檢查的方式，來提供醫療資訊；及以上非藉由藥理學、免疫學或代謝的方法實施於人體的最初意圖，但可藉由這樣的方法輔助其作用。

註1：在有些管轄範圍內，可認爲是醫療器材，而在其他地方不認爲是醫療器材的產品包括：消毒物質；殘疾人的輔助用品；含有動物和(或)人體組織的器材；用於體外受精或生育輔助的器材。[來源：GHTF/SG1/N071：2012， 5.1]

3.12 醫療器材系列 medical device family

由相同組織製造或爲其製造，具有相同的基本設計和性能特性、與相關的安全要求、預期用途和功能的同類醫療器材。

3.13 效能評估 performance evaluation

爲建立或驗證體外診斷醫療器材達到其預期用途所進行的評定和資料分析。

3.14 上市後監督 post-market surveillance

對已投放至市場的醫療器材將所獲取的經驗，進行有系統的收集和分析的過程。

3.15 產品 product

過程的結果。

註1：有下列四種基本的產品類別；服務(如運輸)；軟體(如電腦程序、字典)；硬體(如發動機機械零件)；流性材料(如潤滑油)。

許多產品由分屬於不同產品類別的成分構成，其屬性是服務、軟體、硬體或流性材料取決於產品的主導成分。例如：產品"汽車"是由硬體(如輪胎)、流性材料(如：燃料、冷卻液)、軟體(如發動機控制軟體、駕駛員手冊)和服務(如銷售人員所做的操作說明)所組成。

註2：服務完成至少一項活動的結果，通常是無形的，並且在供應商和顧客接觸面上服務的提供涉及，例如：在顧客提供的有形產品(完成的活動如維修汽車)

在顧客提供的無形產品(完成的活動如準備納稅，申報單所需的損益表)；無形產品的交付(如知識傳授的資訊提供)；為顧客創造氛圍(如賓館和飯店服務)。

軟體由資訊組成，通常是無形產品，並可以方法、報告或書面程序的形式存在。

硬體通常是有形產品，其數量具計數的特性。流性材料通常是有形產品，其數量，具有連續的特性。硬體和流性材料通常被稱為貨物。

註3：本標準"產品"定義與 ISO 9001：2015 中所給出的定義是不同的。

3.16 採購的產品 purchased product

由組織品質管理系統之外的外部供應商提供的產品

註1：產品的提供不一定商業或財務安排。

3.17 風險 risk

損害發生的概率與該損害嚴重程度的結合。

註 1：本標準"風險"定義與 ISO 9001：2015 中所給出的定義是不同的。[來源：ISO 14971：2007， 2.16]

3.18 風險管理 risk management

用於風險分析、評估、控制和監視工作的管理政策、書面程序及工作實務之系統運用。
[來源：ISO 14971：2007， 2.22]

3.19 無菌屏障系統 sterile barrier system

防止微生物進入並能使產品在使用地點無菌使用的最小包裝。[來源：ISO 11607-1：2006， 3.22]

3.20 無菌醫療器材 sterile medical device

指在滿足無菌要求的醫療器材

註1：對醫療器材無菌的要求，能按適用的法規或標準執行。

4 品質管理系統

4.1 一般要求

4.1.1 組織應按本國際標準的要求和適用的法規要求，品質管理系統形成文件並維持其有效性。

組織應建立、實施和保持本國際標準或適用法規之要求，形成的文件的任何要求、程序書、活動或安排。

組織應對在適用的法規要求下，組織所承擔的職能形成文件。

註：組織承擔的職能包括生產商、授權代表、進口商或經銷商。

4.1.2 組織應：

確定在所承擔職能下品質管理系統所需的過程及其在整個組織的應用；

採用基於風險的方法控制品質管理系統所需之適當的過程；

確定這些過程的順序和相互作用。

4.1.3 對各品質管理系統過程，組織應：

確定為保證這些過程的有效運行和控制所需的準則和方法；

確保可以獲得必要的資源和資訊，以支援這些過程的運作和監視；

實施必要的措施，以實現對這些過程規劃的結果並保持這些過程的有效性；

監視、量測(適用時)和分析這些過程；

建立並保持為證實符合本國際標準和適用的法規要求的記錄 (見 4.2.5)。

4.1.4 組織應按本國際標準和適用的法規要求，來管理這些品質管理系統過程。這些過程的變更應：

評估它們對品質管理系統的影響；

評估它們對依照本品質管理系統所生產的醫療器材之影響；

依據本國際標準和適用的法規要求得到控制。

4.1.5 當組織選擇將任何影響產品符合要求的過程外包時，應監視和確保對這些過程的控制。組織應對符合本國際標準、客戶要求及外包過程所適用的法規要求負責。採用的控制應與所涉及的風險和外供應商滿足 7.4 規定要求的能力相一致。控制應包含書面的品質協議。

4.1.6 組織應對用於品質管理系統之電腦軟體的應用確認的程序形成文件。這類軟體應在初次使用前進行確認；適當時，在這類軟體的變更後或應用時進行確認。

軟體確認與再確認有關的特定方法和活動應與軟體應用相關的風險一致。

這些活動的記錄應予以保持。(見 4.2.5)。

4.2 文件化要求

4.2.1 概述

品質管理系統文件(見 4.2.4)應包括：品質政策和品質目標的書面聲明；品質手冊；本國際標準所要求的書面程序和記錄；組織確定的用以為確保其過程有效的規劃、運作和控制所需要文件，包括記錄；適用的法規要求規定的其他文件。

4.2.2　品質手冊

　　組織應形成文件的品質手冊，包括：品質管理系統的範圍，包括任何刪減的細節與理由；為品質管理系統建立的形成文件的程序或其引用；品質管理系統過程間的相互作用的描述。品質手冊應概述品質管理系統中所使用的文件結構。

4.2.3　醫療器材文件

　　對於各類型醫療器材或醫療器材系列，組織應建立和保持一個或多個文件檔，需包含或引用用於證明符合本國際標準之要求和適用法規要求的文件。

　　文件的內容應包括，但不限於：

　　醫療器材的總體描述、預期用途/目的、標籤，包括任何使用的作業指導書；產品規格書；生產、包裝、儲存、處理和銷售的規格或程序書；量測和監視的書面程序書；適當時，安裝的要求；適當時，服務的程序書。

4.2.4　文件管控

　　品質管理系統所要求的文件應予以管制。記錄是一種特殊類型的文件，應依據4.2.5 的要求進行管制。

　　應編制書面程序，以界定所需的管制：

　　文件發行前得到審查和批准，以確保文件是充分的；必要時對文件進行審查與更新，並重新批准；確保文件的更改和現行修訂狀態得到識別；確保在使用場所可獲得適用文件的有關版本；確保文件保持清晰、易於識別；確保組織所確定的規劃和運行品質管理系統所需的外來文件已被鑑別，並管制其分發；防止文件髒汙破損或遺失；

　　防止作廢文件的非預期使用，並對這些文件進行適當的標識。

　　組織應確保文件的更改，得到原核可部門或指定的其他核可部門的評審和批准，該被指定的核可部門應能獲取用於作出決定的相關背景資料。

組織應至少保存一份失效的文件，並確定其保存期限。該期限應確保至少在組織所規定的醫療器材有效期限內，可以得到此醫療器材的製造和測試之文件，但不要少於記錄(見 4.2.5)或相關法規要求，所規定的保存期限。

4.2.5 記錄管控

應保持記錄以提供符合要求和品質管理系統有效運行的證據。

組織應編制書面管制程序，以規定記錄的鑑別、儲存、保密等級和完整性、檢索、保存期限和處置所需的管制。

組織應按法規要求界定和實施用以保護記錄中的健康資訊保密的方法。

記錄應保持清晰、易於識別和檢索，記錄的變更應保持可識別。

醫療器材記錄保存期限應至少符合醫療器材壽命的規定，但不得少於組織產品放行日期 2 年，或按相關法規要求。

5   管理職責

5.1   管理承諾

最高管理者應藉由下列活動,提供其發展和實施品質管理系統及維持其有效性的承諾之證據：向組織傳達符合顧客和法律法規要求的重要性；制定品質政策；保已建立品質目標；執行管理審查；確保充分資源的獲得。

5.2   顧客導向

最高管理者應確保顧客的要求和法規的要求已確定並符合。

5.3   品質政策

最高管理者應確保品質政策

與組織的宗旨相應；包括符合要求和維持品質管理系統之有效性的承諾；提供建立和審查品質目標的架構；在組織內已經溝通和理解；其持續適宜性得到審查。

5.4　規劃

5.4.1　品質目標

最高管理者應確保在組織內相關功能和階層已建立品質目標，品質目標包括符合適用法規的要求和產品的要求。品質目標應是可量測的，並與品質政策保持一致。

5.4.2　品質管理系統規劃

最高管理者應確保：

已執行品質管理系統的規劃，以符合品質目標以及 4.1 的要求；當品質管理系統有所變更，品質管理系統的完整性，仍與維持。

5.5　職責、權限與溝通

5.5.1　職責和權限

最高管理者應確保組織內的職責、權限得到規定、形成文件和溝通。

最高管理者應確定所有從事對品質有影響的管理、執行和驗證工作的人員的相互關係，並應確保執行這些任務所必要的獨立性和權限。

5.5.2　管理代表

最高管理者應指定管理階層的一員，具有下列權責，並不受其他責任影響：

確保品質管理系統所需的過程均已文件化；向最高管理者報告品質管理系統運作的有效性和改善的需要；確保促進整個組織對適用的法規要求和品質管理系統要求的認知。

5.5.3 內部溝通

最高管理者應確保在組織內已建立適當的溝通過程,並確保對品質管理系統之有效性進行溝通。

5.6　管理審查

5.6.1　概述

組織應明文規定對管理審查的過程。

最高管理者應按已文件化的規劃時程審查組織的品質管理系統,以確保其持續的適宜性、充分性和有效性。

審查應包括評估品質管理系統改善的機會和變更的需要,包括品質政策和品質目標。

應保持管理審查的記錄(見 4.2.5)。

5.6.2　審查輸入

管理審查的輸入應包括,但不限於下列資訊:回饋;抱怨處理;向監管機構的報告;內外部稽核結果的檢討;過程的監控和量測;產品的監控和量測;矯正措施;預防措施;前次管理審查的決議事項之追蹤;影響品質管理系統的變更;改善的建議;新的或改版的法規要求。

5.6.3 審查輸出

管理審查的決議事項應做成記錄(見 4.2.5),包括對輸入審查和任何有關的決策和措施:品質管理系統及其過程的適宜性、充分性和有效性的改善;與顧客要求有關的產品改善;為回應新的或修訂的法規要求所需的變更;資源需求。

6　資源管理

6.1　資源提供

組織應決定並提供所需的資源：執行品質管理系統並維持其有效性；符合法規和顧客的要求。

6.2　人力資源

對工作會影響產品品質的員工之職能條件，應基於適當的教育、訓練，技能和經驗。

組織應建立程序文件、提供員工所需的訓練和認知，以建立員工所需的能力。

組織應：決定從事影響產品品質的員工所需的能力；提供訓練或採取其他措施以達到或保持必要的能力；評估所採取措施的有效性；確保員工認知他們所從事活動的相關性和重要性及如何為實現品質目標作出貢獻；維持教育、訓練、技能和經驗的記錄(見 4.2.5)。

註：用於有效性的檢查方法需對所提供訓練及其他措施工作風險程度相一致。

6.3　基礎設施

組織應為達到產品符合性要求、防止產品混淆和保證產品的有序處理所需的基礎設施的需求形成文件。適當時，基礎設施包括：建築物、工作空間和相關的設施；過程設備(硬體和軟體)；支援服務(如運輸、通訊或資訊系統)。

當這些維護或缺少這樣的維護活動會影響產品品質時，組織應將維護活動的要求及其實施頻率或時程形成文件。適當時，這些要求應適用於在生產、工作環境的控制和監視和量測中所採用的設備。應保持此類維護記錄(見 4.2.5)。

6.4　工作環境和污染控制

6.4.1 工作環境

組織應建立文件化的要求以達到產品符合性要求所需的工作環境。

若工作環境會對產品品質產生不利影響，組織應建立對工作環境及監控條件形成文件。

國際標準驗證
International Quality Management System

組織應：若人與產品或工作環境的接觸，會對醫療器材的安全或性能有不利影響，則對人員之健康、清潔和服裝建立文件化的要求；確保所有在特殊環境條件下臨時工作人員是勝任的或在勝任人員的監督下工作。

註：進一步資訊見 ISO 14644 和 ISO 14698。

6.4.2 污染控制

適當時，為防止對工作環境、人員或產品造成污染，組織應明文規定及建立受污染或易於受汙染之產品進行管制。

對於無菌醫療器材，組織應對微生物或微粒物的管制建立文件化要求，並維持裝配或包裝過程所要求的清潔度。

7 產品實現

7.1 產品實現的規劃

組織應規劃和開展產品實現所需的過程，產品實現的規劃應與品質管理系統的其他過程的要求一致。

在產品的實現過程中，組織應對一個或多個過程形成風險管理文件。風險管理活動的記錄應保持備查(見 4.2.5)。

在對規劃產品實現時，組織應適當地決定以下列的內容：

產品的品質目標和要求；建立過程和文件(見 4.2.4)，和為特定的產品提供資源(包括基礎設施和工作環境)的需求；特定針對的產品所要求的驗證、確認、監視、量測、檢查和測試、處理、儲存、配銷和追溯活動，以及產品允收準則；提供實現過程及最終產品符合要求所需的佐證記錄(見 4.2.5)。

規劃的輸出應以適合組織運作的格式形成文件。

註：進一步資訊請參見 ISO 14971。

7.2 顧客相關的過程

7.2.1 決定產品相關的要求

組織應確定：

顧客規定的要求，包括對交付及交付後活動的要求；顧客雖然沒有明示，但規定的或已知的預期用途所必需的要求；與產品有關的適用的法規要求；任何所需的用戶培訓以確保使用此醫療器材規格的性能和安全；組織確定的任何附加要求。

7.2.2 審查產品相關之要求的

組織應審查與產品有關的要求。這審查應在組織向顧客承諾提供產品之前進行(如：投標、接受合約或訂單，及接受合約或訂單的更改)，並應確保：品要求已明確規定並形成文件；與先前表述不一致的合約或訂單的要求已解決；滿足適用的法規要求；任何 7.2.1 界定的用戶培訓，已完成或已計劃完成；組織有能力滿足規定的要求。

審查結果及審查所形成措施的記錄應予保持(見 4.2.5)。

當顧客以非文件化陳述來提出要求時，組織在接受顧客要求前應對顧客的要求進行確認。

當產品要求發生變更，組織應確保已修改相關文件，並確保相關人員已被知會變更的要求。

7.2.3 溝通

組織應規劃與顧客溝通下列有關的安排並形成文件：

產品資訊；詢問、合約或訂單處理，包括對其修改；顧客回饋，包括顧客抱怨；預警通告。組織應依據適用的法規要求與監管機構進行溝通。

7.3.1 概述

組織應對設計和開發的程序形成文件。

7.3.2 設計和開發規劃

組織應規劃和管制產品的設計和開發。適當時，隨著設計和開發的進展，應保持和更新設計和開發的計畫文件。

設計和開發規劃過程中，組織應形成文件：

設計和開發階段；每個設計和開發階段，所需要的審查適用於每個設計和開發階段的驗證、確認和設計移轉活動；設計和開發的職責和權限；可追溯性的方法以確保設計和開發輸出到設計和開發輸入的可追溯性；所需包括必要人員的能力資源。

7.3.3 設計和開發輸入

應決定與產品要求有關的輸入並保持記錄(見 4.2.5)，這些輸入應包括：依據預期用途，功能、性能、可用性和安全性要求；適用的法規要求和標準；風險管理適用的輸出；適當時，以前類似設計的資訊；其他的產品和過程設計和開發所必需的要求；應對這些輸入的充分性和適宜性進行審查並批准。

要求應完整、明確，能被驗證或確認，並且不能自相矛盾。

註：進一步資訊請見 IEC 62366–1。

7.3.4 設計和開發輸出

設計和開發輸出應：符合設計和開發輸入的要求；對採購、生產和服務提供適當的資訊；包含或引用產品允收準則；界定產品安全和正常使用所必需的產品規格特性；設計和開發輸出的形式應適合於設計和開發輸入的驗證，並應在發佈前經過批准。

應保持設計和開發輸出的記錄(見 4.2.5)。

7.3.5 設計和開發審查

在適宜的階段，應依據既定規劃和文件化程序的安排，對設計和開發進行系統性的審查，以：評估設計和開發的結果，符合要求的能力；鑑別之問題和提出必要的措施。

評審的參加者應包括將被評審的設計和開發階段有關的職能部門的代表和其他的專業人員。

評審結果及任何必要措施的記錄應予保持(見 4.2.5)。

7.3.6 設計和開發驗證

應依據所規劃和文件化的安排進行驗證。以確保設計和開發輸出已經符合設計開發輸入的要求。

組織應將驗證計畫形成文件，包括方法、允收準則，適當時，採用統計技術與原理及合理的抽樣樣本數。

如果預期用途需要醫療器材與其他醫療器材連接或接合，驗證應包含依此連接或接合時，證實設計輸出符合設計輸入的內涵。

驗證結果和結論以及必要措施的記錄應予保持。(見 4.2.4 和 4.2.5)。

7.3.7 設計和開發確認

以確保最終產品能夠符合規定的要求或預期用途的要求，設計和開發確認應依據所規劃並文件化的安排。

組織應將確認計畫形成文件，包括方法、允收準則，適當時，採用統計技術與原理及合理的抽樣之樣本數。

應對抽樣產品進行設計確認，抽樣之產品包括最初生產的單位、批或其他等同物。應記錄用於進行確認之產品的合理性(見 4.2.5)。

作為設計和開發確認的一部分，組織應按照適用的法規要求進行，臨床評估或性能評估。

用於臨床評估或性能評估的醫療器材不可做放行給顧客使用。

如果預期用途需要醫療器材與其他醫療器材連接或接合，確認應包含依此連接或接合時，證實規定的適用要求或預期用途已符合的內容。

確認應在產品交貨給客戶使用之前完成。

確認結果及必要措施的記錄應予保持(見 4.2.4 和 4.2.5)。

7.3.8 設計和開發移轉

組織應將設計和開發輸出到製造的移轉形成文件程序。這些程序應確保設計和開發的輸出在成為最終生產規格之前，是經過以適用於生產的方式驗證，並且生產能力能符合產品的要求。移轉的結果和結論應予以記錄(見 4.2.5)。

7.3.9 設計和開發變更管控

組織應將管制設計和開發變更的管理程序形成文件。組織應確定與醫療器材的功能、性能、可用性、安全性和適用的醫療器材法規要求和其預期使用有關的重大變更。

設計和開發變更應被鑑別，在執行前，這些變更應：經過審查；經過驗證；適當時，經過確認；經過批准。

設計和開發變更的審查應評量變更所產生的效應，包括過程中的在製品或已經配送的貨件，風險管理的輸入/輸出和產品實現過程的變化的影響的評估，這些變更，相關審查及任何採行措施的記錄應保留備查(見 4.2.5)。

7.3.10 設計和開發文件

組織應保持每一醫療器材類型或醫療器材系列的設計和開發文件，此文件應包括或引用為證實符合設計和開發要求所產生的記錄，以及設計和開發變更的記錄。

7.4 採購

7.4.1 採購過程

組織應建立文件化程序(見 4.2.4)，以確保採購的產品符合所規定的採購資訊。
組織應建立準則以評鑑和選擇供應商，準則應：
基於供應商提供符合組織要求產品的能力；基於供應商的績效；基於採購產品對醫療器材品質的影響；與醫療器材有關風險相一致。

組織應規劃對供應商的監控和再評鑑。供應商對採購產品符合要求供應商的績效應予以監控。監控的結果應作為供應商再評鑑過程的輸入。

非履行的採購要求應加以處理並針對採購產品的對價風險與履行法規要求。

對供應商供貨能力和績效的選擇、監督和再評鑑結果之的記錄及所採取的任何必要措施的記錄應予保持(見 4.2.5)。

7.4.2　採購資訊

採購資訊應描述或引用擬採購的產品，適當時包括：

產品規範；產品接受準則、程序文件、過程和設備的要求；供應商人員資格的要求；品質管理系統的要求。

在與供應商溝通前，組織應確保所規定的採購要求是充分與適宜的。

適用時，採購資訊應包含書面的協定，任何影響採購產品符合規定採購要求的供貨能力的變更，在實施之前，由供應商告知組織採購產品的變化。

按照 7.5.9 規定的可追溯性要求，組織應以文件(見 4.2.4)和記錄(見 4.2.5)的形式保持相關的採購資訊。

7.4.3 採購產品的驗證

組織應建立並實施檢驗或其他必要的活動，以確保採購的產品滿足規定的採購要求。驗證活動的範圍和程度應基於供應商的評估結果和與採購產品的風險相一致。

當組織意識到採購產品發生任何變化時，組織應確定這些變化是否影響產品實現過程或醫療器材。

當組織或其顧客擬在供應商的現場實施驗證時，組織應在採購資訊中對擬驗證的安排和產品放行的方法作出規定。

應保持驗證記錄(見 4.2.5)。

7.5　產品和服務提供

7.5.1 生產和服務提供的管控

為確保產品符合規範，應對生產和服務的提供進行規劃、實施、監督和管制。適當時，生產管制應包括，但不限於：用於生產管制的程序/方法的文件(見 4.2.4)；

經檢定的基礎設施；對過程參數和產品特性進行監視和量測；獲得和使用監視和量測設備；按照規定進行標籤和包裝操作；放行、交貨和售後活動的實施。

組織應建立並保持每一(或一批)醫療器材的記錄(見 4.2.5)，以提供 7.5.9 中規定的可追溯性的範圍和程度的記錄，並標明生產數量和批准銷售的數量。記錄應經過驗證和批准。

7.5.2 產品的清潔度

組織應對產品清潔度或產品污染控制的要求建立文件化程序，如果：

在滅菌和使用前由組織進行產品清潔；

以非無菌形式提供的和在滅菌或使用前先進行清潔處理的產品；

在滅菌或使用前不能被清潔的產品，使用時清潔是至關重要的；

以非無菌形式提供的產品，其清潔是至關重要的；

製造過程中從產品中除去加工助劑。

如產品是按照上述 a)或 b)要求進行清潔的，則在清潔處理前不必滿足 6.4.1 要求。

7.5.3 安裝活動

適當時，組織應將醫療器材安裝和安裝驗證允收準則的要求形成文件。

如果顧客已同意的要求，允許不由除組織或其供應商的外部方來安裝醫療器材時，則組織應對醫療器材安裝和驗證提供形成文件化的要求。

由組織或其供應商完成的安裝和驗證記錄應保持(見 4.2.5)。

7.5.4 服務活動

在規定有服務要求的情況下，必要時，組織應建立文件化程序及必要的參考資料和量測以備用於服務活動及驗證該服務是否符合。

組織應分析組織或其供應商實施服務活動的記錄：

確定資訊是否作為抱怨處理；

適當時，作為改善過程的輸入。

應保持組織或其供應商所實施的服務活動的記錄(見 4.2.5)。

7.5.5 無菌醫療器材的特殊要求

組織應保持每一批次的滅菌過程參數記錄(見 4.2.5)，滅菌記錄應可追溯到醫療器材的每一生產批次。

7.5.6 生產和服務供應過程的確認

當生產和服務供應過程的輸出不能或沒有被後續的監視或量測加以驗證時，組織應確認每一生產和服務提供的過程。因此，缺陷在產品使用中或服務已交貨之後才會顯現。確認應能證實這些過程持續實現所規劃結果的能力。

組織應將過程的確認程序形成文件，包括：對過程的評審和批准所規定的準則；設備的鑑定和人員資格的鑑定；使用特定的方法、程序和允收準則；適當時，為確定抽樣數所採用的統計技術與原理對記錄的要求(見 4.2.5)；再確認，包括再確認的準則；過程變更的批准。

組織應建立書面的程序以確認用於生產和服務提供中的計算軟體。此軟體的確認應在初次使用前確認，適當時，在此軟體發生變更或應用後。與軟體確認和再確認的特定方法和活動應與應用此軟體有關的風險大小相對應，包括對產品符合規格能力的影響。

確認的結果和結論的記錄和確認的必要措施應予以保持(見 4.2.4 和 4.2.5)。

7.5.7 滅菌和無菌屏障系統的過程確認之特殊要求

組織應將滅菌和無菌屏障系統的過程確認的程序形成文件(見 4.2.4)。

適當時，滅菌過程和無菌屏障系統應在實施前，以及隨後的產品或過程變更之前，經過確認。

確認結果和結論以及因確認所採取的必要措施的記錄應予以保持(見 4.2.4 和 4.2.5)。

註：進一步資訊請見 ISO 11607-1 和 ISO 11607-2。

7.5.8 識別

組織應建立產品標識的文件化程序,並在產品實現的全過程中使用適宜的方法鑑別產品。

在產品實現的全過程中,組織應根據監視量測的要求鑑別產品狀態。在產品的整個生產、儲存、安裝和服務過程中,應保持產品的狀態標識,以確保只有通過檢查和試驗合格或經授權讓步放行的產品才能被發送、使用或安裝。

若有適用的法規要求,組織應對醫療器材唯一性標識的系統文件。

組織應建立文件化程序,以確保退回組織的醫療器材均能被識別,且能與合格的產品區分開來。

7.5.9 可追溯性

7.5.9.1 概述

組織應建立可追溯性文件化程序,這些程序應規定符合適用法規要求的可追溯性之範圍和記錄的保持,(見 4.2.5)。

7.5.9.2 植入式醫療器材的特殊要求

可追溯性所要求的記錄,應包括可能導致醫療器材不符合其規定的安全和性能要求的元件、材料和所採用的工作環境條件的記錄。

組織應要求經銷服務的供應商或經銷商保持醫療器材分銷記錄以便追溯,當檢查需要時,可獲得此記錄。貨運包裝收件人的名字和位址的記錄應予以保持(見 4.2.5)。

7.5.10 顧客財產

當顧客財產在組織的管制或使用下,組織應識別、驗證、保護和維護供其使用的或構成產品一部分的顧客財產。如果顧客材料發生丟失、損壞或發現不適用情況時,應報告顧客,並保持紀錄(見 4.2.5)。

7.5.11 產品之防護

在加工、儲存、處理和銷售中,組織應建立產品符合要求的防護程序形成文件。防護應適用於醫療器材的組成部分。

在加工、儲存、處理和分銷中，當產品暴露在預期處境和危害時，組織應通過下列來保護產品避免改變、污染或損壞：設計和建構適當的包裝和貨運容器；如果僅用包裝不能提供足夠的防護，應對特殊條件所需的要求，形成文件。如果有特殊的條件要求，則應被控制和記錄(見 4.2.5)。

7.6 監控和量測設備的管控

組織應確定監控和量測的實施以及所需的監控和量測設備，以提供產品符合要求之證據。

組織應建立文件程序，以確保監控和量測活動之進行，並與要求相一致的監控和量測的方式實施。

為確保有效結果，必要時，量測設備應：按照規定的時程或在使用前進行校正或/及查證，以溯源到國際和/或國家標準的量測標準。當沒有這些量測標準時，應記錄校正或查證的依據備查(見 4.2.5)；必要時，進行調整或再調整；這樣的調整或再調整應予以記錄(見 4.2.5)；予以標識，以判定其校正狀態；調整要予以安全防護，以防止量測結果的失效；在搬運、維護和儲存期間要防止損壞或劣化。

組織應依照所建立的文件化程序進行校正或驗證。

此外，當發現設備不符合要求時，組織應進行評鑑和記錄，確保以往量測結果的有效性。組織應採取適當的措施來處理該設備和任何受影響的產品。校正和查證結果的記錄應予以保持(見 4.2.5)。

組織應建立程序文件確認管理及監督量測所使用的電腦軟體之效用。這類軟體應在初次使用前進行確認，適當時，在這類軟體變更後或應用時進行確認。

軟體確認和再確認的特定方法和活動，應與軟體使用風險成比例，包括影響產品符合規格的能力。

確認的結論和結果以及因確認所採取的必要措施之記錄應予以保持(見 4.2.4 和 4.2.5)。

註：進一步資訊請見 ISO 10012。

8 量測、分析和改善

8.1 概述

組織應規劃並實施下列所需的監督、量測、分析和改善過程：證實產品的符合性；確保品質管理系統的符合性；應品質管理系統的有效性。

這應包括確定對統計技術及其應用程度的適當方法。

8.2 監控和量測

8.2.1 回饋

作為對品質管理系統有效性的量測，組織應收集和監督對有關組織是否已滿足顧客要求的資訊。應建立取得和使用這些資訊的方法之管理文件。

組織應建立回饋過程文件的程序。這回饋過程應規定包括來自生產和生產後活動資料的收集。

回饋過程所收集之資訊，應視為風險管理潛在的輸入，以監督和維持產品要求，以及產品實現或改善過程。

若法規有要求此組織，要取得售後服務的特殊經驗，對此經驗的審查應構成回饋過程的一部分。

8.2.2 抱怨處理

組織應建立程序文件，以及時處理依法規要求的抱怨。

這些程序應至少包含以下要求和職責：接收和登記之資訊；評估以確定回饋信息是否構成抱怨；調查抱怨；確定是否將資訊提報給有關法令監管機構；處理與抱怨相關之產品；決定所需進行之改正或矯正措施。

任何抱怨，如果未經調查，則應將判斷的理由形成文件。在抱怨處理過程所產生的任何改正或矯正措施應形成文件。

若調查確定抱怨是由組織外的活動所致，應和相關外部方交換有關資訊。

抱怨處理記錄應予保持(見 4.2.5)。

8.2.3　向主管機關報告

如果法令要求組織需提報規定的不良反應通報事件或有關之預警通告議題時，組織應建立程序文件，以向有關法令監管機構提報。

通報法令監管機構的記錄，應予保持 (見 4.2.5)。

8.2.4 內部稽核

組織應按規劃的時程進行內部稽核，以確定品質管理系統是否：符合所規劃和文件化的安排、本標準以及組織所建立的品質管理系統和適用的法規要求；得到有效實施與保持。

組織應建立文件化程序以說明稽核之職責及規劃、實施以及記錄和報告稽核結果的要求。

稽核方案的規劃應考量受稽區域、稽核過程的狀態、重要性和以往稽核的結果。稽核的準則、範圍、間隔和方法應予明確界定和記錄(見 4.2.5)，稽核員的選擇和稽核的實施，應保持稽核過程的客觀性和公正性。稽核員不應稽核自己的工作。

稽核及結果的記錄，包含過程的識別，受稽核區域及其結論的記錄，應予以保持。(見 4.2.5)。

負責受審區域的負責管理者，應確保及時採取必要的改正和矯正措施，以消除所發現的不符合事項及其原因。跟催的活動應包括對所採取措施的驗證和驗證結果的報告。

註：進一步資訊請見 ISO 19011。

8.2.5　過程的監控和量測

組織應採用適宜的方法對品質管理系統過程進行監督以及適當的量測。這些方法應能證實過程具有達成規劃結果的能力。當未能達到所規劃的結果時，應採取適當的改正和矯正措施。

國際標準驗證
International Quality Management System

8.2.6　產品的監控和量測

組織應對產品的特性進行監視和量測，以驗證產品要求已得到滿足。這種監視和量測應依據所規劃的文件化的安排和文件化的程序。在產品實現過程的適當階段進行

應保持符合允收準則的證據。授權放行產品的人員身份應予以記錄(見 4.2.5)。適當時，記錄應識別用於量測活動的測試設備。

只有在已規劃的文件化的安排已圓滿完成時，才能放行產品和交貨服務。

對於植入式醫療器材，組織應記錄核對總和試驗人員的身份。

8.3　不符合產品之管控

8.3.1　概述

組織應確保不合格品已明確識別和管制，以防止非預期的使用或交貨。組織應建立程序文件，以明確界定識別、記錄、隔離、評估和處置不合格品的管制和相關職責與權限。

不符合的評估應包括採取調查和需要對此不符合的外部相關負責單位通告的決定。

應保持此不符合的特性以及所採取的任何措施之記錄，包括對此之評估、任何的調查和決定的理由之記錄(見 4.2.5)。

8.3.2　交貨前檢測出不合格品的因應措施

組織應按下列一個或多個方式來處理不合格品：採取措施消除已發現的不合格；採取措施防止其原預期使用或應用；授權讓步使用、放行或接受不合格品。

組織應確保不合格品僅在已提供其合理性，且獲得批准，並能滿足適用法規之要求條件下，才能實施特採(或稱讓步允收)。

讓步允受和授權讓步人員的身份應記錄予以保持(見 4.2.5)。

8.3.3 交貨後檢測出不合格品的因應措施

當交貨或開始使用後發現不合格品時，組織應採取與不合格的影響或潛在影響相適應的措施。採取措施的記錄應予以保持(見 4.2.5)。

組織建立法規要求的預警通告之程序文件。這些程序應有能力隨時付之實施。發佈預警通告有關的措施之記錄應予以保持。(見 4.2.5)。

8.3.4　重工

基於重工對產品潛在不利影響的考量，組織應依據文件化程序來實施重工。這些(重工)程序應獲得原程序相同的審查和批准。

重工結束後，產品應通過驗證以確保其符合適用的允收準則和法規要求。

應保持重工的記錄(見 4.2.5)。

8.4　資料分析

組織應建立程序文件以確定、收集和分析適當的資料，以證實品質管理系統的適宜性和有效性。程序應包含決定的適當方法及運用的統計技術。

資料分析應包括由監督、量測所產生的資料和其他相關來源的資料，至少包括下列的輸入：回饋；產品符合性的要求；過程和產品的特性及趨勢，包括採取預防措施的機會；供應商；稽核；適當時，維修報告。

如果資料分析顯示品質管理系統不適宜，不充分或無效，組織應按 8.5 的要求將此分析作為改善的輸入。

資料分析結果的記錄應予保持(見 4.2.5)。

8.5 改善

8.5.1 概述

組織應運用品質政策、品質目標、稽核結果、上市後監督、資料分析、矯正和預防措施及管理審查,來識別和實施任何必要的改善,以確保和維持品質管理系統的持續適宜性、充分性和有效性以及醫療器材的安全和性能。

8.5.2 矯正措施

組織應採取措施,以消除不合格的原因,防止不合格再發生。應及時採取任何必要的矯正措施。矯正措施應與所遇到之不合格的影響程度相呼應:

組織應編制程序文件,以規定以下方面的要求:審查不合格(包括顧客抱怨);確定不合格的原因;評估確保不合格不再發生的措施的需求;劃並對所需的措施形成文件,實施措施,適當時,包括更新文件;驗證矯正措施未對滿足適用的法規要求的能力或醫療器材的安全和性能帶來不利影響;審查所採取的矯正措施的有效性。

任何調查和採取措施的記錄應予保持(見 4.2.5)。

8.5.3 預防措施

組織應決定措施,以消除潛在不合格的原因,防止不合格發生。預防措施應與潛在問題的影響程度相呼應。

組織應建立程序文件,以描述以下要求:確定潛在不合格及其原因;評估防止不合格發生的措施的需求;規劃並對所需的措施形成文件,實施措施,適當時,包括更新文件;驗證矯正措施未對滿足適用的法規要求的能力或醫療器材的安全和性能帶來不利影響;適當時,評審所採取的預防措施的有效性。任何調查和採取的措施的記錄應予保持(見 4.2.5)。

附錄 F

有害物質過程管理系統要求 Hazardous Substance Process Management System IECQ QC080000：2017

1.1 總則

本規範適用於鑑別、管制及量化產品製造商、供應商、維修及保養商，並報告他們所製造或供應之產品中 HS 的總量；及產品的客戶及使用者瞭解產品 HSF 的狀態，以及瞭解是何種作業產生此有害物質。

此文件定義建立產品導入有害物質(HS)之鑑別及管控的作業要求。將有害物質導入產品之作業時，此文件定義執行測試、分析或其他確認有害物質含量或使其為客戶所接受之作業要求。文件化的作業程序應導入至公司的經營及品質管理系統中。

1.2 應用

原則上，此國際規範的所有要求是適用於所有電氣和電子行業組織。其它行業組織，也可採用此有害物質的管理規範，在 ISO 9001：2015，組織可以聲明某條款不適用；在 IECQ 有害物質過程管理(HSPM)系統，本國際規範中的所有要求皆適用。

2 參考文件

下列參考文件對於此文件的應用是不可或缺的。凡是註明日期的參照，僅引用的版本可適用。凡是未註明日期的參照，參考文件(包括任何修訂)的最新版本可適用。ISO 9001 品質管理系統一要求

3 名詞和定義

為了此規範的目的，以下名詞和定義適用。

1) HS 有害物質

是指在可適用之法律和客戶要求中，禁止、限制、減少其使用或告知其存在，

即本質上會危害人體健康或環境安全的任何物質。

2)　HSF　無有害物質

是指任何 HS(有害物質)的減量或排除。

3)　產品的危險特性

指的是產品的品質特性，它是有害物質和產品中內容的特點之一。

4)　資訊服務提供者

一個分析、監督或提供與設計、採購、製造、維修或者配套產品 HS 相關資訊已知的實體或組織。

4　組織背景

4.1　瞭解組織及其環境背景

組織應鑑別、監督及審查能夠影響其有害物質過程 管理(HSPM)系統的外部及內部議題，以實現有無危害物質(HSF)目標的預期結果。這些議題與其營運目的和策略方向相關。

組織應監督及審查與此相關之內部及外部議題的資訊：

a)　適用法律及顧客要求：關於無危害物質(HSF)要求的內容、在產品上貼附識別標示、以及準備 及保存特定的文件化 資訊，以證明產品符合這些要求；

b)　組織的無危害物質(HSF)目標；

c)　組織提供無危害物質(HSF)產品的能力。

註 1：要瞭解內部環境背景，可考量顧客的要求、產品的類型及範圍、生產的製程及管理等相關議題。

註 2：要瞭解內部環境背景，可考量由國際、國家、區域或地方頒行的環 境法規、法律、市場引起的議題。

使用可能會對環境造成負面影響但尚未受適用法律及顧客要求所管制的材料

4.2　瞭解利害相關者的需要及期望

組織應在持續的基礎上決定、監督及審查利害相關者對有害物質(HS)相關的要求，以及其對組織持續提供符合顧客無危害物質(HSF)要求及適用的法令、法規要求的產品的能力上具有的影響或潛在的影響。

組織應持續監督及審查環境法令及法規的要求,以及利害相關者對有害物質(HS)要求的更新資訊。

註:利害相關者的需要及期望如以下範例:對環境友善的產品設計,如易於拆解;對環境友善的包裝設計使用促進無危害物質(HSF)生產的製造方法

4.3 決定 HSPM 系統的範圍

4.3 決定有害物質過程管理(HSPM)系統之範疇

為建立其範疇(scope),組織應決定有害物質過程管理(HSPM)系統的邊界及適用性,並應考慮其環境背景;包括所面臨的外部及內部議題、利害相關者的相關要求事項、組織的產品與其提供無危害物質(HSF)產品的能力。

此範疇應以文件化資訊備妥提供及持續維持,並且適用於本國際規範的要求事項。

對本國際規範任何要求事項宣稱不適用時,不應該危害到符合顧客與法令及法規要求的無危害物質(HSF)產品的符合性,以提高顧客滿意度。倘若 某一要求事項不適用時,應在範疇說明並陳述理由。

組織的品質管理系統的活動及地域範圍應與 HSPM 系統的活動及地域範圍相同或更大。

有害物質過程管理(HSPM)的範疇應包含本標準附件的一項或多項規範性要求,或其他國家/國際關於有害物質或廢棄電氣或電子相關法令及法規的要求。

4.4 有害物質過程管理(HSPM)系統及其作業過程

4.4.1 概述

組織應根據本國際規範的要求,建立、實施、維持 及持續改進以過程為基礎的有害物質過程管理(HSPM)系統,包括為提供無危害物質(HSF)產品的作業過程及其相互關聯性。

組織應決定實現其無危害物質(HSF)目標有關的 作業過程，及其在整個組織中的應用；包括涉及有害物質(HS)的作業過程，以及不涉及有害物質但 會影響其實現或提供無危害物質(HSF)產品的作業過程。

應特別考慮到需要處理已確認的風險及機會、以及作業過程所需要的變更，以達到預期的結果。

需要時，組織應維持文件化資訊，以支援其作業過程的運作；並保存文件化資訊，作為作業過程的運作是按照無危害物質(HSF)規劃執行的證據。

5. 領導統御

5.1 領導與承諾

5.1.1 概述

最高管理階層應針對有害物質過程管理(HSPM)展現的領導及承諾如下：

a)　在管理審查中包括無危害物質(HSF)(參見 9.3.2 節)

b)　建立無危害物質(HSF)政策並確保無危害物質(HSF)目標得以建立；

c)　提供所需資源，以確保朝向無危害物質(HSF)產品及生產製程發展；

d)　在組織內傳達，滿足顧客及法令及法規上有關有害物質(HS)管理要求的重要性。

5.1.2 顧客為重

最高管理階層應確保顧客的無危害物質(HSF) 要求已予決定，並且符合顧客滿意度的目標。

5.2 無危害物質(HSF)政策

5.2.1 建立無危害物質(HSF)政策

最高管理層在製定有 害物質減免(HSF)政策時應：

a)　包括承諾滿足適用的無危害物質(HSF)要求

b) 包括承諾持續改進組織的無危害物質(HSF)績效。

5.2.2 溝通無危害物質(HSF)政策

文件化的無危害物質(HSF)政策應在組織內備妥、溝通、理解，並在適當情況下提供給利害相關者。

5.3　組織的角色、職責及權限

最高管理階層應確保與無危害物質(HSF) 相關的職責及權限已予界定，並在組織內傳達。

最高管理階層應任命一位指定管理代表(DMR)。指定管理代表(DMR)應負責整個有害物質(HS)管理系統的作業過程， 包括多廠址作業，其職責詳列於 IECQ 03-1 附錄 A。

6　規劃

6.1　處理風險及機會之措施

6.1.1　規劃有害物質過程管理系統

當決定有害物質過程管理(HSPM)系統的風險及 機會時，組織應就生命週期的觀點，考慮來自外部供應者的作業過程、產品、服務及物料，以及影響產品及服務達成無危害物質(HSF)符合性的內部作業過程。

組織應將在決定風險及機會作業過程的結果，維持並保存文件化資訊；包括在產品或作業過程中已確認存在的全部有害物質(HS)，以及可能直接或間接會混入或潛在會混入到其產品或作業過程的有害物質。

6.1.2 組織

組織應規劃所需採取的行動方案以處理面對的風險及機會，將其整合至有害物質過程管理(HSPM)系統中，評估其有效性，包括如何預防或減輕有害 物質風險，以確保產品及服務的無危害物質(HSF)符合性。

為處理風險及機會而採取的行動方案，應與其對產 品及服務的無危害物質(HSF)符合性的潛在衝擊相稱。

註：風險可能包括，但不限於：

使用可能會污染產品的工具、夾具及治具，以及輔助材料，例如潤滑劑。

以職能不適任人員執行可能會影響產品及服務的無危害物質(HSF)符合性的工作，包括員工、承包商和供應商；使用有害物質(HS)符合性未確知的材料、包裝及零組件。

6.2.1 無危害物質(HSF)目標

a)　　組織應確保在有害物質過程管理(HSPM)系統必須的職能、層級及作業過程中，建立無危害物質(HSF)目標。無危害物質(HSF)目標應可量 測，與無危害物質(HSF)政策一致，並與產品及服務的有害物質減 免(HSF)符合性相關；

b)　　根據適用的法律及顧客要求，適宜時，無危害物質(HSF)目標應包含一份時間表，以減量或排除 已在作業過程中或產品中鑑別及使用的有害物質； 包括外部供應的作業過程、產品、服務或物料。製定無危害物質(HSF)目標的時間表時，組織應考量正在立法而即將生效的任何要求；

c)　　無危害物質(HSF)目標應進行溝通、監督，並在必要時適當的更新。組織應維持並保存無危害物質(HSF)目標的文件化資訊。

6.2.2　無危害物質(HSF)目標之規劃

組織應決定並規劃所需執行的工作，以達成其有害 物質減免(HSF)目標，確保其取得適當的資源、相關人員職責已明確、進度與完成時間表已訂定、以及將如何評估結果。

6.3 變更之規劃

當決定及規劃有害物質過程管理(HSPM)系統的任 何必要變更時，組織應考量變更的目的及任何潛 在的的風險，其可能會衝擊產品及服務在適用的法律及顧客的無危害物質(HSF)符合性要求。

組織應確保有害物質過程管理(HSPM)系統的完整 性，使其取得足夠資源，並且分派或重新分派各項職責以實現必要的變更。

7　支援

7.1　資源

7.1.1　概述

組織應決定並提供所需的資源(包括外部廠商的資源)，以實施及維持無危害物質(HSF)作業過 程並供應無危害物質(HSF)產品，以持續改進其 有效性，並經由滿足顧客及法律的要求，提高顧客滿意度。

7.1.2　人員

組織應決定並提供所需的人員，以實施及維持有 害物質減免(HSF)作業過程並供應無危害物質(HSF)產品，以持續改進其有效性，並經由滿足顧客及法律的要求，提高顧客滿意度。

7.1.3　基礎設施

組織應決定、提供及維持所需的基礎設施，以達成無危害物質(HSF)作業過程及產品符合性要求。 適用時，基礎設施包括：
a)　建築物、工作場所及附屬共用設施；
b)　作業過程設備及檢測設備與支援服務(如測試、計算、通信或資訊系統)
當有害物質(HS)及無危害物質(HSF)之產品及服務，在生產場所同時或交替地生產，組織應確保提供足夠基礎設施，以防範發生產品污染。

7.1.4　過程之運作環境

組織應決定、提供及維持為實現無危害物質(HSF)產品所需的運作環境。

7.1.5　監督及量測資源

7.1.5.1　概述

組織應決定並備妥所需的監督及量測資源，以便 提供產品符合無危害物質(HSF)既定要求的證據。組織應確保，以文件化證據展現監督及量測資源適合其目的。

應管理無危害物質(HSF)特性的量測設備，以確保其結果有效。

7.1.5.2　量測追溯性

應要求無危害物質(HSF)特性的量測可追溯性，而且量測設備應予執行校正或驗證，以追溯國際或國家量測標準。

7.1.6　組織的知識

組織應決定所需的知識，以經由作業過程的運作，達成無危害物質(HSF)產品及服務的符合性。組織知識應在需要的範圍內予以維持並備妥。有害物質過程管理(HSPM)系統的組織知識應包括：

a)　適用的法律及顧客要求及其對組織的意義；

b)　物料風險及其管制方式；

c)　作業過程風險及其管制的方式；

d)　量測方法及其限制；

e)　瞭解有害物質(HS)量測的結果及其意義。

7.2　適任職能

組織應確保適任職能 包括以下的能力：

a)　鑑別、瞭解及應用適合的法律及顧客要求；

b)　執行無危害物質(HSF)產品設計及開發；

c)　外部供應者之資格認可及管理；

d)　新物料之承認；

e)　對內部及外部所提供的作業過程、產品、服務或物料，以及外部供應者對有害物質(HS)管制的能力，進行風險分析；

f)　適當時，執行有害物質(HS)量測；

g) 與顧客及有關的主管機構就產品及服務的有害 h)根據適用的法律及顧客要求，準備無危害物質(HSF)之文件化資訊 。

(例如當需要時，依據 IEC 62321 和 EN 50581 準備的技術文件)。

組織應維持並保存適任職能的文件化資訊。

註：適任職能可以由組織的人員聯合擁有。

7.3 認知

組織應確保：

a) 最高管理階層認知到，違反無危害物質(HSF)法律及顧客要求的含義；

b) 在組織管制下工作的人員認知到，將有害物質(HS)混入作業過程的輸出或產品的風險，以及如何貢獻於達成無危害物質(HSF)的目標。

7.4 溝通

組織應決定與有害物質過程管理(HSPM)系統有關的內部及外部溝通。溝通的資訊至少應包括：

適用的法律或顧客對 有害物質(HS)管制的要求及其更新；

無危害物質(HSF)政策及無危害物質(HSF)目標及其更新；

無危害物質(HSF)對作業過程運作及其變更的要求；

無危害物質(HSF)績效或任何作業過程運作的問題；

關於產出的有害物質 減免(HSF)符合性的資訊及相關證據，包括作業過程的資訊；

顧客或法定主管機關對產品及服務的無危害物質(HSF)符合性或無危害物質(HSF) 管理的回饋；

在整個供應鏈中，以規定的格式藉由指定的管道溝通有害物質資訊；

適當時，通知顧客或法定主管機關；

為不符合產品可能的撤銷或召回，與分銷商溝通組織應適當地保存文件化資訊，作為其溝通佐證。

7.5 文件化資訊

7.5.1 概述

有害物質過程管理(HSPM)系統的文件應包括：

a) 無危害物質(HSF)政策及目標，包括，如適當時，排除使用已決定的有害物質的時間表；

b) 已經存在產品內，或將來可能被引進產品中的所有有害物質(HS)清單；

c) 針對無危害物質(HSF)管制，適用的法律及顧客所要求的文件化資訊。

註： 適用的法律及顧客所要求的文件化資訊包括，例如：

關於無危害物質(HSF)符合性的 供應商聲明或合約協定；技術文件/檔案；符合性聲明；安全資料表/物料安全資料表；電器工業產品(IEC 62474 DB(http：//std.iec.ch/iec62474))的物料聲明；化學成分聲明；檢驗報告；國際權威機構的資料庫或平台(例如 BOMcheck，JAMP(聯合商品管理促進聯盟)，IPC-1752A 等)。

7.5.2 建立及更新

當建立及更新文件化資訊時，組織應考慮法律或顧客對程序、內容及格式的要求。

註：例如，歐盟 RoHS 要求的技術文件需遵循 EN 50581 的規定，中國 RoHS 2 所要求的標示需遵循 SJ / T 11364-2014 的規定。

7.5.3 文件化資訊之管制

文件化資訊應根據法律或顧客的要求予以維持或保存。如，持續備妥及保存期限。

8 營運

8.1 營運的規劃和管控

在規劃無危害物質(HSF)產品實現時，組織應適當地決定以下事項：

a) 決定其有害物質減免(HSF)管理中產品及作業過程的無危害物質(HSF)要求，以及對所有相關作業過程管制有害物質(HS)的要求；

b) 建立下列事項的準則：

1) 作業過程，以確保提供無危害物質(HSF)的輸出及產品；

2) 無危害物質(HSF)輸出及產品的允收規範，使與法律及顧客要求一致；

c) 決定所需要資源，使產品及服務符合無危害物質(HSF)要求；

d) 決定、維持及保存文件化資訊至需要的程度：

1) 對作業過程已按規畫執行有信心，包括對產品的無危害物質(HSF)特性有潛在不利影響的作業過程之文件化資訊；

2) 展示產品符合其無危害物質(HSF)的要求；

3) 遵守法律及顧客在有害物質(HS)管理上對文件化資訊的要求。

e) 取得法律及顧客在無危害物質(HSF)產品及有害物質(HS)管制上的要求；

f) 提供顧客及/或法定主管機關所要求，與產品及作業過程的無危害物質(HSF)特性有關的資訊，包括有害物質(HS)數據、無危害物質(HSF)文件化資訊，必要時提供無危害物質(HSF)符合性的證據；

g) 處理詢價、合約或訂單作業在無危害物質(HSF)管理的要求，包括變更；

h) 組織應管制規劃的變更，鑑別並查證非預期變更的結果，以確保無危害物質(HSF)的符合性。必要時，未經顧客認可，不應實施對產品無危害物質(HSF)特性有不利影響的變更。

組織應確保外包作業過程受到管制，以確保這些作業過程的輸出、產品及服務的無危害物質(HSF)符合性。(參見 8.4 節)

註：“不利影響”包括但不限於有害物質(HS)的污染或混料等。

8.2　產品與服務的 HSF 要求

8.2.1　顧客溝通　與顧客溝通應包括：

a) 取得法律及顧客在無危害物質(HSF)產品及有害物質(HS)管制上的要求；

b) 提供顧客及/或法定主管機關所要求，與產品及作業過程的無危害物質(HSF)特性有關的資訊，包括有害物質(HS)數據、無危害物質(HSF)文件化資訊，必要時提供無危害物質(HSF)符合性的證據；

c) 處理詢價、合約或訂單作業在無危害物質(HSF)管理的要求，包括變更；

d) 取得顧客在產品及作業過程的無危害物質(HSF)符合性的回饋，包括顧客抱怨；

e) 處理或管制顧客財產的無危害物質(HSF)符合性；

f) 建立意外事件應變措施的明確要求(例如，當鑑別出有害物質(HS)不符合的產品時)。

8.2.2 決定產品及服務的無危害物質(HSF)要求

當決定供給給顧客的產品之無危害物質(HSF)要 求，及顧客對有害物質(HS)的管制要求時，組織應確保已明確規定產品及服務的要求，包括：

a) 適用於產品及作業過程的無危害物質(HSF)之法律要求；

b) 顧客明確指定的無危害物質(HSF)要求；

c) 組織明確規定的無危害物質(HSF)要求。

組織應符合其所聲稱之提供無危害物質(HSF)產品及服務。組織應決定蒐集、傳遞及彙整這些要求的職責及管道，並且決定這些要求如何運用於其產品上。

註：無危害物質(HSF)要求包括但不限於有害物質(HS)的限制、標籤/標示、文件化資訊、符合性聲明、新材料的產品承認、有害物質(HS)測試、供應鏈內的資訊溝通、向權責機關的通知、變更時的報告、管理系統、審核。

8.2.3 審查產品與服務的要求

組織應確保其有能力滿足產品的無危害物質(HSF)要求及有害物質(HS)管制的要求，包括其所聲稱之，提供無危害物質(HSF)產品。

組織應確保審查人員的能力，及審查結果是以可靠有效的證據為基礎。適用時，組織應保存審查結果的文件化資訊，以及產品及服務的新增無危害物質(HSF)要求。

8.2.4 產品與服務要求的變更

變更應予決定、審查 及溝通，以確保組織持續滿足無危害物質(HSF)要求的能力。

註 變更的範例如下，但不限於：

適用的法律及顧客要求；組織的要求。

8.3 產品與服務的設計和開發

8.3.1 概述

設計及開發的作業過程應包括組織的產品及服務的設計及開發,以及如適用時,可能包括在提供產 品及服務的所有生產作業過程、工具、夾具、治具與輔助物料的開發。組織負有設計及開發 的輸出符合無危害物質(HSF)要求之責。

註:生產作業過程包括最終設計確認後的所有活動,例如:製造、包裝、標示、交付、文件化。

8.3.2 設計和開發規劃

組織應規劃及管制無危害物質(HSF)產品的設計及開發,包括:

a) 在設計及開發期間決定適當的階段及方法以審查、查證及確認產品的無危害物質(HSF)特性;

b) 與無危害物質(HSF)符合性相關的職責及權限

c) 內部及外部資源的需求,包括需要外部供應者的合作或支持,以及,適用時,顧客的參與;

d) 無危害物質(HSF)產品及服務後提供的要求;

e) 所需的文件化資訊,用以展現已符合無危害物質(HSF)要求。

在規劃設計時,應在文件化資訊中鑑別出所使用之 任何有害物質(HS),並應建立計畫,以管制及最終替換或排除有害物質(HS)。

8.3.3 設計和開發輸入

當決定設計及開發輸入時,應考慮無危害物質(HSF)要求。組織應考慮:

a)　　來自先前類似產品的設計及開發活動的資訊,包括所使用的物料或零件的有害物質(HS)資訊;

b)　　在無危害物質(HSF)要求中,對產品及作業過 程的有害物質(HS)管制;以及在運作規劃期間決定的，無危害物質(HSF)輸出及產品的允收標準。組織應保存，與設計及開發輸入的無危害物質(HSF)要求相關的文件化資訊。

8.3.4 設計和開發管控

組織應管制設計及開發作業過程，以確保：

    a) 已明確定義所要達到的無危害物質(HSF)符合性的結果；

    b) 執行審查，以評估設計及開發的結果符合無危害物質(HSF)要求的能力，包括用於審查的證據 之有效性；

    c) 執行查證，以確保設計及開發的輸出符 合有害 物質減免(HSF)符合性的輸入要求。用於查證的方法應予決定及確認；

    d) 考量顧客的參與，必要時，執行產品的無危害物質(HSF)符合性確認。

設計及開發作業過程的管制，應適用於產品及服務，以及在設計及開發之內的作業過程、工具、夾 具、治具以與輔助物料。

組織應保存設計及開發管制活動的文件化資訊，包 括決定無危害物質(HSF)要求、審查、查證及確認。

註：雖然設計及開發確認活動通常不適用於決定無危害物質(HSF)的符合性，但由於有害物質(HS)管制在特定應用或意圖 使用上的潛在影響，而仍須予以考量。

8.3.5 設計和開發輸出

組織應確保設計及開發輸出：

    a) 符合無危害物質(HSF)輸入的要求；

    b) 適足以供產品後續作業過程所需，如內部及外 部溝通、外部提供的作業過程、產品、或服務、生產製造、產品標示、資訊發布、通知、追蹤、保存等；

    c) 包括或參考無危害物質(HSF)要求，適當時， 作為監督及量測無危害物質(HSF)符合性要求及允收的標準；

    d) 明確說明產品及服務 的有害特性；

e) 包括外部供應者所提供經確認合格的作業過程、產品或服務，及其對特定有害物質(HS)的潛在風險等級；

f) 包括根據法律或顧客無危害物質(HSF)要求的文件化資訊。組織應保存設計及開發輸出的文件化資訊。

8.3.6 設計和開發變更

組織應鑑別及管制設計及開發的變更，其可能導致產品無危害物質(HSF)特性的變更。

應對變更執行審查、查證，必要時應予確認，並且 經授權核准；或者甚至根據要求，在實施前由顧客批准。

保存變更的文件化資訊。

註：變更的範例如下，但不限於：

產品、服務或作業過程準則的變更；產品及物料變更；作業過程的變更。

8.4 外部供應之過程、產品與服務的管控

8.4.1 概述

組織應確保，外部提供的作業過程、產品及服務符合無危害物質(HSF)要求。

組織應決定對外部供應者及外部提供的作業過程、產品及服務所實施的管制，因為外部提供事項可能對產品的無危害物質(HSF)符合性，產生不利影響。

外部供應者的評估、選擇、績效監督及重新評估的準則，應衡量其依照組織的無危害物質(HSF)要求，提供作業過程 、產品或服務的能力。

組織應保存，合格 HSF 外部供應者與其已確認的無危害物質(HSF)作業過程、產品及服務的文件化資訊。

註：組織可以考慮使用經 IECQ HSPM 驗證登錄的組織作為外部供應者，俾有較佳符合性及風險管理

8.4.2 管控方式及程度

當規劃管制的形式及程度時，組織應：

a) 考慮：

    1) 外部提供的作業過程、產品及服務的潛在風險等級，影響組織持續一　致的符合法律及顧客對有害物質(HS)管制要求的能力；

    2) 外部供應者在有害物質(HS)管理的能力，以及所採取管制措施的有效性，以確保無危害物質(HSF)符合性；

b) 只從合格的外部供應者採購經確認的無危害物質(HSF)作業過程、產品及服務，供無危害物質(HSF)生產之用；否則，務必有核准的文件化資訊；

c) 決定必要的查證或其他活動，以確保外部提供的作業過程、產品及服務符合無危害物質(HSF)要求；

d   確保任何採購的無危害物質(HSF)產品免於可能的污染或混料；

e) 及時鑑別供應鏈的變更，並重新確認可能對產品的無危害物質(HSF)符合性產生不利影響的相　關作業過程、產品及服務。

註：在可行的情況下，決定及認可對無危害物質(HSF)符合性的採購途逕及完整供應鏈是有害物質(HS)管理良好實際做法。

8.4.3 給外部供應商的資訊

組織應就以下事項，向外部供應者傳達其無危害物質(HSF)要求：

a) 將要提供的作業過程、產品及服務；

b) 認可的：

    1) 產品及服務；

    2) 將由外部供應者執行的變更；

c) 外部供應者與組織的互動，包括意外事件應變措施(例如，當鑑別出所採購的產品不符合有害減免(HSF)要求時)；

d) 組織或其顧客意圖在外部供應者的場所執行無危害物質(HSF)符合性的查驗及稽核活動；

e) 無危害物質(HSF)產品的識別以確保追溯性；\f)　顧客及法定主管機關接受的

文件化資訊格式及溝通管道，例如有害物質(HS)分析報告或化學成分資料；

g) 對自身外部供應商的管制，以確保無危害物質(HSF)符合性。

註：需特別注意新供應者，以確保他們了解全部的要求。

8.5 生產和服務供應

適用時，組織應在下列管制條件下實施生產：

a) 備妥文件化資訊，其界定如下：

    1) 要生產的產品之無危害物質(HSF)特性，或要執行的活動；

    2) 針對潛在會受到有害物質(HS)污染或混料的作業過程，採取的預防措施；

b) 針對作業過程運作所使用的特定物料、技術、基礎設施及環境；

c) 在適當階段實施監督及量測活動，以查證在作業過程無危害物質(HSF)的管制標準，以及產出 或產品的無危害物質(HSF)允收標準，均已符合；

d) 實施防範人為錯誤的 行動，可能會導入無危害物質(HSF)風險。

8.5.2 識別和追溯

組織應按照監督及量測要求，在產品提供的全部作業過程，鑑別產出的無危害物質(HSF)狀態；組織應根據法律、顧客或組織自身對有害物質(HS)管制的要求，標示產品。

必要時，組織應管制產出的獨特識別，並保存必須的文件化資訊，供後續追溯。

包括有害物質(HS)的作業過程應賦予獨特識別及 管制，以防範無危害物質(HSF)產品受到有害物 質(HS)的污染。

8.5.3 客戶或外部供應商財產

組織應確保，在使用前查證外部供應者的物料及零件的無危害物質(HSF)符合性，包括顧客指定的外部供應者。

當發現財產不符合無危害物質(HSF)特性時，組 織應將此報告顧客或外部供應者，並保存相關文件化資訊。

國際標準驗證
International Quality Management System

8.5.4 保存

組織應適當保存產出及產品，以確保無危害物質(HSF)符合性的要求：

a)　組織應保護產品的無危害物質(HSF)特性；

b)　組織應確保任何標示及識別的完整性，用以說明產品的無危害物質(HSF)符合性；

c)　符合及不符合無危害物質(HSF)的物料、零件及產品，應按照規定的作業過程，進行隔離、明顯識別及處理；

d)　正確釋放出中間產出或產品，供無危害物質(HSF)生產之用；

e)　有關儲存及使用不符 合無危害物質(HSF)的產品之文件化資訊，應予保存。

8.5.5 交付後的活動

組織應符合與有害物質(HS)管制相關的產品交付後活動的要求。

為展現產品及服務符合法律或顧客要求之目的， 組織應保存適當文件化資訊，作為無危害物質(HSF)符合的證據。文件化資訊應至少保存至相關 法律或顧客所要求的期限；且應在規定的週期內， 評估此文件化資訊的有效性及妥適性。

組織應確保，無危害物質(HSF)符合性聲明植基於合理可靠的基礎。

組織應與法定主管機關或顧客合作，在其要求下，　採取行動以確保符合無危害物質(HSF)要求。

註 1：與有害物質(HS)管制有關的交付後之活動，可包括但不限於，備妥並提供有害物質(HS)資料及相關文件化資訊，因應請求撤銷或召回產品以及其他行動要求。

註 2：文件化資訊的範例包括但不限於：技術文件及符合性聲明、供應商聲明、合約協議、物料聲明或測試報告。

8.5.6 變更的管控

組織應審查、必要時查證、並管制可能會改變產品 無危害物質(HSF)特性的變更，以確保持續符合無危害物質(HSF)要求。

當適用的法律及顧客有所要求時，變更應在實施前報告顧客並獲批准。

變更的審查、查證及核准的結果，應保存為文件化資訊；授權核准變更者及經審查產生的必要措施亦同

8.6　產品與服務的放行

組織應在適當階段實施已規劃的安排，以查驗產品 符合無危害物質(HSF)要求。適用時，在產品及服務放行前，文件化資訊、識別標示、HSF 符合性聲明或有害物質(HS)的資訊、標籤等，均已正確隨附於產品。按照適用要求，放行無危害物質(HSF)的產出或產品。

8.7　不符合輸出之管控

8.7.1　組織應鑑別不符合無危害物質(HSF)的產出，使與符合要求的產出隔離，並防範其非預期的使用或交付，除非已獲得適當的法定主管機關或顧客許可。

當交付後才檢測出不符合無危害物質(HSF)的產 出時，組織應根據法律或顧客要求通知顧客或申報法定主管機關；應在顧客處追查並撤回不符合產品，或因應要求從市場上召回。

應鑑別與不符合無危害物質(HSF)產出相關的外 部供應者，並通知其此項不符合，以確保採取必要的矯正措施。

8.7.2　組織應保存下列文件化資訊：

a) 　記載無危害物質(HSF)不符合性，包括檢測到的有害物質(HS)、包含有害物質(HS)的物料或產出、以及與有害物質(HS)相關的作業過程；

b) 　指明已鑑別的相關外部供應者及顧客；

c) 　敘述所採取的行動方案；

d) 適用時，展現顧客核准的交付文件。

9.　績效評估

9.1　監控、量測、分析與評估

9.1.1　概述

組織應決定：

a) 需要執行的監督和量測，以鑑別無危害物質(HSF)符合性(例如要檢測物料及有害物質)，並在必要時提供有害物質(HS)或化學成分數據；同時考慮潛在的物料風險及作業過程風險，法律及顧客對有害物質(HS)檢測及數據提供的要求；

b) 所需監督、量測、分析及評估方法，以確保結果有效；需考慮法律及顧客對有害物質(HS)檢測的　要求，如歐盟　RoHS　規定的有害物質(HS)測試標準　IEC 62321 和 EN 62321；

c) 執行監督及量測的時機；需考慮物料及作業過程的無危害物質(HSF)特性，　未能及時檢測的潛在風險，以及法律及顧客對有害物質(HS)檢測的要求

組織應藉由自有的能力或外部檢測設施，展現其產品及服務的無危害物質(HSF)符合性；或適當時，以其他方式展現。

9.1.2　客戶滿意度

組織應對滿足顧客有害物質(HS)管制的需求及期望的程度，監督顧客的感受。

9.1.3　分析和評估

組織應決定、收集、分析及評估由監督及量測有害　物質過程管理(HSPM)系統的績效及有效性所產生的適當數據及資訊。

分析的結果應用以評估：

a)　產品的無危害物質(HSF)符合性及其趨勢；

b)　顧客對有害物質(HS)管制的滿意程度；

c)　有害物質過程管理(HSPM)系統的績效及有效性

d)　外部供應者在有害物質管制方面的績效；

e)　有害物質過程管理(HSPM)系統的改進需要。

9.2　內部稽核

組織應在所規劃之期間執行內部稽核，以提供有害物質過程管理(HSPM)系統符合本國際規範及其對無危害物質(HSF)要求的資訊，並有效實施及維護。

應規劃、建立、實施和維持稽核計畫；需考慮無危害物質(HSF)相關作業過程的重要性，影響組織的變更，以及之前無危害物質考量面的稽核結果作業過程受稽核的頻率不應低於品質管理系統(QMS)的稽核頻率。

執行內部稽核的稽核員應至少展現下列領域的知識，以及稽核時應用這些知識的能力：

a)　瞭解本國際規範；

b)　瞭解適用於組織的法律及顧客要求；

c)　瞭解物料及作業過程的關鍵有害物質風險；

d)　瞭解組織使用或接受的檢測方法的原理及其限制；

e)　瞭解由組織取得或提交給組織的檢測結果的含意。取得及評估上述適任職能的文件化資訊應予保存。

9.3　管理審查

9.3.1　概述

最高管理階層應審查 組織的有害物質過程管理(HSPM)系統。

9.3.2 管理階層審查之輸入管理階層審查的輸入應包括：

a) 無危害物質(HSF)政策及目標的適當性及實現成效；

b) 有關有害物質(HS)管制在法律及顧客上要求之變更；

c) 有害物質(HS)的鑑別及使用；

d) 不符合無危害物質(HSF)事項及矯正措施，包括稽核結果；

e) 顧客對組織的有害物質(HS)管理績效之評估及回饋；

f) 因違反法律或顧客要 求而造成的任何損失；

g) 實現無危害物質(HSF)產品及作業過程所需的資源；

h) 改進機會。

9.3.3 管理階層審查之輸出

管理階層審查產出應包括下列有關的決定及行動方案：

a) 改進的機會；

b) 有害物質過程管理(HSPM)系統需要的變更；

c) 資源需求；

d) 為滿足 9.3.2 b)所需適任職能的變更；

e) 為滿足 9.3.2 c)所需之檢測、監督及量測設備的變更。

管理階層審查的結果應保存為文件化資訊，作為佐證。

10. 改善

10.1 概述

無危害物質(HSF)管理的改進可適用於產品及作業過程。

註： 倘若無危害物質(HSF)的要求只是限用有害物質(HS)的品項及含量或通知其存在，而非完全禁止；則有害物質過程管理(HSPM)系統追求的就不是絕對的無危害物質(HSF)。

10.2 不符合事項和矯正措施

應鑑別無危害物質(HSF)的不符合事項，並予以矯正，或在需要時採取矯正措施。矯正措施應相稱於所發生的無危害物質(HSF)不符合事項之影響應保存文件化資訊，作為後續採行的行動方案及矯正措施結果的證據

10.3 持續改善

組織應考慮分析及評估的結果及管理階層審查的產出，持續改進有害物質過程管理(HSPM)系統。

有害物質過程管理(HSPM)的持續改進，包括下述一項或多項：

a)   消除或減少產品中有害物質(HS)的含量；

b)   提升無危害物質(HSF)的作業過程，以預防產品的污染；

c)   改進監督的作業過程，以更有效果及有效率地檢測出不符合無危害物質(HSF)要求的產品；

d)   改進產品追溯性及召回的作業過程，以預防不符合產品進入市場；

e)   改進變更管理的作業過程；

g)   改進人員在鑑別有害物質的含量、產品作業過程的設計之的適任職能，以預防製造、監督及量 測等作業過程受有害物質的污染。

ISO 9001：2015　稽核員訓練試題(A)

課程編號：＿＿＿＿＿＿＿＿＿＿＿＿＿＿＿＿＿＿＿＿＿＿＿

學員姓名：＿＿＿＿＿＿＿＿＿＿＿＿＿＿＿＿＿＿＿＿＿＿＿

考試日期：＿＿＿＿＿＿＿＿年＿＿＿＿＿＿＿＿月＿＿＿＿＿＿＿＿日

大　題	閱 卷 者 I	滿　　分
1		40
2		35
3		25
小計		100
簽名		
總分		

試題說明：

1. 總共分為三大題，每大題各有若干小題，每一題都要作答。

2. 考試時間為 90 分鐘，滿分為 100 分，70 分及格。

3. 只能做答於考試卷上，錯別字、文句不通順或不整潔可被扣除 6 分以內之分數。

4. 考試除了沒有任何註記之 ISO 9001：2015 標準及字典外，不得參考其他任何資料。

第一大題 40 分(每題 2 分)

(　　) 1. 組織應考慮 4.1 中提及的問題和 4.2 中提到的要求,並確定需要應對的風險的機會,是品質管理系統哪一時機:＿＿＿＿＿＿＿。

    a. 規劃.　　　　　　　　　　b. 執行

    c. 檢核.　　　　　　　　　　d. 改善

    e. 以上皆非

(　　) 2. "支援事物存在或真實性的資料"稱為

    a. 客觀證據　　　　　　　　b. 矯正措施要求

    c. 不符合事項報告　　　　　d.以上皆是

    e. 以上皆非

(　　) 3. 人員透過訓練達成目標並具備認知與意願是七大理念的:

    a. 全員參與　　　　　　　　b. 持續改善

    c. 系統導向　　　　　　　　d. 以上皆是

    e. 以上皆非

(　　) 4. 下列何者非 ISO 9001:2015 標準對管理審查內容的必要要求。

    a. 以往管理審查的追蹤行動

    b. 品質管理系統相關的外部與內部議題之變更

    c. 顧客抱怨及顧客滿意

    d. 品質不良的成本

    e. 稽核結果

(　　) 5. 下列何者為 ISO 9001:2015 標準條文要求,分析和評估獲得的那些數據與資訊:

    a. 外部供應商　　　　　　　b. 過程和產品的特性和趨勢

    c. 顧客滿意度　　　　　　　d. 風險與機會所採取的行動執行之成效

    e. 以上皆是

(　　) 6. 風險鑑別是用來考量：

a. 4.1 節中所提及之議題，及 4.2 節中所提之的要求能否達到

b. 確保品質管理系統能達到組織預期的結果

c. 供應商有能力來滿足組織的需要

d. 以上皆是

e. 以上皆非

(　　) 7. 必須採取措施來消除不符合原因以防止再發生，此措施稱為：

a. 預防措施　　　　　　　　b. 內部稽核措施

c. 改正行動　　　　　　　　d. 矯正措施

e. 教育訓練

(　　) 8. 標準 7.3 條文特指人員，要求組織應確保其控制範圍內相關工作人員認知為：

a. 員工對企業的貢獻　　　　b. 企業高品質高效益

c. 員工高超技術　　　　　　d. 不符合 QMS 要求的後果

e. 以上皆非

(　　) 9. 稽核開始會議的內容有：

a.介紹稽核人員　　　　　　b. 說明標準與範圍

c.說明稽核行程內容　　　　d. 以上皆是

e.以上皆非

(　　) 10. 對不合格品處理，首要必須 ：

a. 全部重工　　　　　　　　b. 降價驗收

c. 降級或報廢　　　　　　　d. 隔離檢查

e. 以上皆非

(　　) 11. ISO9001：2015 版新標準中提到的品質管理原則不包括：

a. 以顧客為關注焦點　　　　b. 管理的系統方法

c. 領導作用　　　　　　　　d. 持續改善

e. 以上皆非

( ) 12. 管理審查輸出應包含下列那些有關的決定和行動：
　　　a. 改善的機會　　　　　　　　　b. 所需資源
　　　c. 變更品質管理系統的任何需要　　d. 以上皆是
　　　e. 以上皆非

( ) 13. 任何成功的稽核系統要求
　　　a. 核准的稽核執行程序　　　　　b. 公司管理高層的支持
　　　c. 經驗豐富的稽核員和主任稽核員　d. 以上皆是
　　　e. 以上皆非

( ) 14. 量測的可追溯性對照國際或國家量測標準校驗或驗證或兩者皆執行，下列那一項
　　　為我國家之儀校認證單位：
　　　a. IAF　　　　　　　　　　　　b. CNS
　　　c. ISO17025　　　　　　　　　　d. TAF
　　　e. 以上皆非

( ) 15. 管理代表的職責是：
　　　a. 確保達成品質目標　　　　　　b. 確保其組織倡導對顧客要求的認知
　　　c. 執行稽核計畫　　　　　　　　d. 以上皆是
　　　e. 以上皆非

( ) 16. 下列那一項不屬於高階管理者應建立、實施並維護的管理政策：
　　　a. 提供建立品質目標的架構
　　　b. 包含持續改善品質管理系統的承諾
　　　c. 適合組織的目的和背景且支持其策略方向
　　　d. 包含滿足適用要求的承諾
　　　e. 以上皆非

( ) 17. 下列那一項不屬於高階管理者應以下列方式展現其對品質管理系統領導力和承諾：
　　　a. 為品質管理系統的效益負起責任
　　　b. 推行過程導向和基於風險考量的運用
　　　c. 確保品質管理系統達到其預期的效果
　　　d. 確保品質管理系統所需成本之考量
　　　e. 以上皆非

(　) 18. 一個已通過 ISO 9001：2015 驗證組織的供應商應該：

　　　　a. 都要通過 ISO 9001：2015 驗證

　　　　b. 強調由組織以 ISO 9001：2015 來外部稽核

　　　　c. 由組織來負擔所有的驗證費用

　　　　d. 以上皆是

　　　　e. 以上皆非

(　) 19. 組織必須考量產品之法規及法令的要求，屬於 ISO9001：2015 哪一條文要求：

　　　　a. 8.2.2　　　　　　　　　　　b. 8.3.4

　　　　c. 8.4.3　　　　　　　　　　　d. 以上皆是

　　　　e. 以上皆非

(　) 20. ISO 9001：2015 的規劃品質管理系統時，決定需要因應的風險和機會包括：

　　　　a. 增加理想的結果

　　　　b. 完成改善

　　　　c. 防止或減少非期望的結果

　　　　d. 保證品質管理系統能達到預期的結果

　　　　e. 以上皆是

第二大題 簡答題 35 分

1. 有三種品質系統稽核的型式，分別是第一、第二及第三方稽核。請解釋其不同的特徵。 (5 分)

2. 請依 ISO 9001：2015 條文的要求，列出 5 項管理審查輸入。(5 分)

3. PDCA 其意義如何簡述之。(5 分)

4. 請依 ISO 9001：2015 條文的要求，列出 5 項，條文 9.2 項內部稽核的稽核重點(5 分)

5. 可經由什麼樣的客觀證據來顯示 ISO 9001：2015 條文 9.1.3 的要求已經被遵行的。請列舉 5 個相關的 ISO 9001：2015 的條文。(5 分)

6. 請舉出 5 項 ISO 9001：2015 標準條文所要求的「風險和機會的應對措施」及其對應的條文。(5 分)

序號	檢查內容提要	對應的條文
1	推行過程導向和基於風險考量 的運用	
2	對修正風險與機會所採取的行動執行成效	
3	當不符合發生時，包含來自於客戶抱怨，組織須在規劃時更新風險及機會決策(必要時)	
4	織須規劃因應風險和機會的措施	
5	組織須決定品質管理系統及組織的應用之過程需求，且組織必須應對依據 6.1 要求決定的風險和機會	

7. 請舉出 5 項 ISO 9001：2015 標準條文『維持或保存文件化資訊』要求對應的條文。
   (5 分)

序號	檢查內容提要	對應的條文
1	決定品質管理系統適用範圍	
2	組織須在品質管理系統所需的相關功能、層級和過程建立品質目標	
3	文件化資訊管控	
4	不符合輸出之管控	
5	內部稽核	

國際標準驗證
International Quality Management System

第三大題　案例題 25分

下面有三則關於您對自己服務的 ABC 公司所執行的內部稽核事件，其中可能有不符合規定事項發生，需要以"不符合規定事項報告(NCR)"或"觀察事項報告(OBR)"來說明。

1) 請仔細閱讀此三則稽核過程敘述後，判定(勾選)為「主要不符合(Major)」或「次要不符合(Minor)」，並將不符合規定事項說明於後(Nonconformity 欄內)。

2) 若您認為其中所發現的尚無法確定違反 ISO9001：2015 之規定，則請勾選「觀察建議事項(OFI)」並於下方(OBR)加以說明理由及後續應再查證事項，俾確認是否違反 ISO9001 之規定。

事件一：8 分

在品保部，稽核員查看 11 月 5 日的管理審查記錄時，發現組織沒有對公司的品質政策和品質目標進行稽核。品保部經理說："我們的品質政策這幾年沒什麼變化，品質目標的實現情況也很好，因此就沒必要再審查了。"

事件二：8 分

當稽核員稽核文管中心，組織的矯正措施管理程序書(QP-1020)中，規定任何 CAR 都必須保存三年以供查閱，但卻發現 5 張品保檢測，材料組織之矯正記錄保存方式，仍使用熱感應的傳眞紙保存，已經有模糊不清無法辨識之困難，也沒有其他佐證資料(如電子檔)。事件三：9 分

當稽核員稽核業務部，在稽查合約(訂單審查)時，稽核員發現一份訂單(NO：5-160812-A)，該訂單已經由業務員修改合約內容，但此一訂單修改，並未知會客戶徵求其同意？

事件一　8 分

　　If you think there is evidence of a nonconformity， complete this report：

　　假如你認為有不符合事項的證據，完成下列(NCR)報告：

NONCONFORMITY REPORT　不符合事項報告	
Company under Audit：CHWA 稽核公司	Nonconformity Number：CAR-A001 不符合事項編號
Area under review： 查檢的部門	ISO 9001 Clause Number ISO 9001 條文編號：
Category　分類　　　Major(主要)：☐　　　Minor(次要)：☐　　　OFI(建議事項)：☐	
Nonconformity　(不符合事項)	
Auditor (稽核員簽章)：　　　　　　　　稽核單位：	

　　If you do not think that there is sufficient evidence of nonconformity， state the reasons for your decision and state also what further actions the auditor should take

　　假若你不認為有足夠的不符合事項的證據，陳述你的理由。並且說明稽核員應該採取那些進一步的行動。

國際標準驗證
International Quality Management System

事件二　8分

If you think there is evidence of a nonconformity， complete this report：

假如你認爲有不符合事項的證據，完成下列(NCR)報告：

NONCONFORMITY REPORT　不符合事項報告	
Company under Audit：CHWA 稽核公司	Nonconformity Number：CAR-A002 不符合事項編號
Area under review： 查檢的部門	ISO 9001 Clause Number ISO 9001 條文編號：
Category　分類　　　Major(主要)：☐　　　Minor(次要)：☐　　　OFI(建議事項)：☐	
Nonconformity　(不符合事項)	
Auditor (稽核員簽章)：　　　　　　　　　　　稽核單位：	

If you do not think that there is sufficient evidence of nonconformity， state the reasons for your decision and state also what further actions the auditor should take

假若你不認爲有足夠的不符合事項的證據，陳述你的理由。並且說明稽核員應該採取那些進一步的行動。

事件三　9分

If you think there is evidence of a nonconformity， complete this report：

假如你認爲有不符合事項的證據，完成下列報告：

NONCONFORMITY REPORT　不符合事項報告	
Company under Audit：CHWA 稽核公司	Nonconformity Number：CAR-A003 不符合事項編號
Area under review： 查檢的部門	ISO 9001 Clause Number： ISO 9001 條文編號：
Category　分類　　Major(主要)：☐　　　Minor(次要)：☐　　OFI(建議事項)：☐	
Nonconformity　(不符合事項)	
Auditor (稽核員簽章)：	稽核單位：

Or　或

If you do not think that there is sufficient evidence of nonconformity， state the reasons for your decision and state also what further actions the auditor should take

假若你不認爲有足夠的不符合事項的證據，陳述你的理由。並且說明稽核員應該採取那些進一步的行動。

國家圖書館出版品預行編目資料

國際標準驗證 / 施議訓, 陳明禮, 施曉琳編著. --
　　七版. -- 新北市 ： 全華圖書股份有限公司,
2023.01
　　　面；　　公分
　　ISBN 978-626-328-391-6(平裝)

1.CST: 品質管理　2.CST: 標準

494.56　　　　　　　　　　　　　111021254

國際標準驗證

作者／施議訓、陳明禮、施曉琳

發行人／陳本源

執行編輯／吳政翰

出版者／全華圖書股份有限公司

郵政帳號／0100836-1 號

印刷者／宏懋打字印刷股份有限公司

圖書編號／0632505

七版一刷／2023 年 01 月

定價／新台幣 520 元

ISBN／　978-626-328-391-6 (平裝)

全華圖書／www.chwa.com.tw

全華網路書店 Open Tech／www.opentech.com.tw

若您對本書有任何問題，歡迎來信指導 book@chwa.com.tw

臺北總公司(北區營業處)
地址：23671 新北市土城區忠義路 21 號
電話：(02) 2262-5666
傳真：(02) 6637-3695、6637-3696

南區營業處
地址：80769 高雄市三民區應安街 12 號
電話：(07) 381-1377
傳真：(07) 862-5562

中區營業處
地址：40256 臺中市南區樹義一巷 26 號
電話：(04) 2261-8485
傳真：(04) 3600-9806(高中職)
　　　(04) 3601-8600(大專)

歡迎加入 全華會員

● 會員獨享
會員享購書折扣、紅利積點、生日禮金、不定期優惠活動…等。

● 如何加入會員
掃 QRcode 或填妥讀者回函卡直接傳真 (02) 2262-0900 或寄回，將由專人協助登入會員資料，待收到 E-MAIL 通知後即可成為會員。

如何購書

1. 網路購書
全華網路書店「http://www.opentech.com.tw」，加入會員購書更便利，並享有紅利積點回饋等各式優惠。

2. 實體門市
歡迎至全華門市（新北市土城區忠義路 21 號）或各大書局選購。

3. 來電訂購
(1) 訂購專線：(02) 2262-5666 轉 321-324
(2) 傳真專線：(02) 6637-3696
(3) 郵局劃撥（帳號：0100836-1　戶名：全華圖書股份有限公司）
※ 購書未滿 990 元者，酌收運費 80 元。

OpenTech.com.tw 全華網路書店

全華網路書店 www.opentech.com.tw
E-mail: service@chwa.com.tw

※ 本會員制如如有變更更則以最新修訂制度為準，造成不便請見諒。

讀書回函卡

掃 QRcode 線上填寫 ▶▶▶

姓名： 　　　　　　　　　生日：西元　　　年　　　月　　　日　性別：□男 □女

電話：(　　)　　　　　　　　　　　　　手機：

e-mail： 　　　　　　　　　　　　　　　　　　(必填)

註：數字零，請用 Φ 表示，數字1與英文L請另註明並書寫端正，謝謝。

通訊處：□□□□□

學歷：□高中・職　□專科　□大學　□碩士　□博士

職業：□工程師　□教師　□學生　□軍・公　□其他

學校／公司：　　　　　　　　　　　　　科系／部門：

・需求書類：

□ A.電子 □ B.電機 □ C.資訊 □ D.機械 □ E.汽車 □ F.工管 □ G.土木 □ H.化工 □ I.設計
□ J.商管 □ K.日文 □ L.美容 □ M.休閒 □ N.餐飲 □ O.其他

・本次購買圖書為：　　　　　　　　　　　　　　　書號：

・您對本書的評價：

封面設計：□非常滿意　□滿意　□尚可　□需改善，請說明

內容表達：□非常滿意　□滿意　□尚可　□需改善，請說明

版面編排：□非常滿意　□滿意　□尚可　□需改善，請說明

印刷品質：□非常滿意　□滿意　□尚可　□需改善，請說明

書籍定價：□非常滿意　□滿意　□尚可　□需改善，請說明

整體評價：請說明

・您在何處購買本書？

□書局　□網路書店　□書展　□團購　□其他

・您購買本書的原因？（可複選）

□個人需要　□公司採購　□親友推薦　□老師指定用書　□其他

・您希望全華以何種方式提供出版訊息及特惠活動？

□電子報　□ DM　□廣告 (媒體名稱　　　　　　　　　　　　　)

・您是否上過全華網路書店？ (www.opentech.com.tw)

□是　□否　您的建議

・您希望全華出版哪方面書籍？

・您希望全華加強哪些服務？

感謝您提供寶貴意見，全華將秉持服務的熱忱，出版更多好書，以饗讀者。

填寫日期：　　　/　　　/

2020.09 修訂

親愛的讀者：

感謝您對全華圖書的支持與愛護，雖然我們很慎重的處理每一本書，但恐仍有疏漏之
處，若您發現本書有任何錯誤，請填寫於勘誤表內寄回，我們將於再版時修正，您的批評
與指教是我們進步的原動力，謝謝！

全華圖書　敬上

勘　誤　表

書 號	頁 數	行 數	書　名	作　者
			錯誤或不當之詞句	建議修改之詞句

我有話要說： (其它之批評與建議，如封面、編排、內容、印刷品質等・・・)